PCB设计流程、规范和技巧

用KiCad设计DDS信号发生器

陈强　苏公雨　编著

清华大学出版社

北京

内 容 简 介

本书重点讲述了 PCB 工程设计流程及各个环节的设计要点和设计规范。以 KiCad 这款免费、开源，并且资源生态日趋强大的 PCB 设计工具为例，通过一个实际的设计案例制作一款简易的 DDS 任意信号发生器，结合完整的 PCB 设计流程，以理论结合实际项目的方式，对 PCB 设计的各个环节做了具体的讲述。

书中提到的所有知识和技能要点，不止针对 KiCad 这一款工具软件，对于任何一款 PCB 设计工具同样适用。本书详细讲述了如何高效地阅读数据手册，掌握基本的调试技巧，考虑电磁兼容方面的问题。此外，书中还列举了一些与 PCB 设计相关的网络资源和元器件模型库。

本书适合从事硬件设计的相关技术人员阅读，也可以作为电子、电气、自动化设计等相关专业人员的学习和参考用书，还可供参加电子设计类竞赛或喜欢动手电子制作的学生和技术人员参考。

图书在版编目（CIP）数据

PCB 设计流程、规范和技巧：用 KiCad 设计 DDS 信号发生器/陈强，苏公雨编著.—北京：清华大学出版社，2021.9(2025.3重印)

ISBN 978-7-302-58937-2

Ⅰ．①P… Ⅱ．①陈… ②苏… Ⅲ．①印刷电路－计算机辅助设计－高等学校－教材 Ⅳ．①TN410.2

中国版本图书馆 CIP 数据核字(2021)第 172375 号

责任编辑：杨迪娜
封面设计：杨玉兰
责任校对：李建庄
责任印制：刘海龙

出版发行：清华大学出版社

   网 址：https://www.tup.com.cn, https://www.wqxuetang.com
   地 址：北京清华大学学研大厦 A 座   邮 编：100084
   社 总 机：010-83470000   邮 购：010-62786544
   投稿与读者服务：010-62776969，c-service@tup.tsinghua.edu.cn
   质量反馈：010-62772015，zhiliang@tup.tsinghua.edu.cn
   课件下载：https://www.tup.com.cn, 010-83470236

印 装 者：三河市君旺印务有限公司
经 销：全国新华书店
开 本：185mm×260mm 印 张：11.75   字 数：284 千字
版 次：2021 年 9 月第 1 版   印 次：2025 年 3 月第 4 次印刷
定 价：59.00 元

产品编号：083715-01

前言

PREFACE

第一次对 PCB 设计心生敬畏是在 2000 年年底，我加入了硅谷的一家宽带通信芯片公司——Centillum Communications，作为一名硬件设计工程师，主要的职责是支持大客户（Lucent、Cisco、NEC 以及后来的华为、中兴、UTStarcom 等公司），所谓支持就是根据这些客户的规格要求，我们自己设计好能安装在他们的机箱里就可以直接工作的 Turnkey（俗称"交钥匙"）解决方案。虽然在此之前我已经有了若干年的硬件设计经验，设计、调试过的板子已经不下 50 种，但是第一次（刚加入团队一个月，项目还是其他同事设计的）跟朗讯（Lucent）的技术团队面对面地讨论还是被惊到了，电路设计没提多少，被质问最多的是原理图设计的规范性；系统如何安装、调试；项目的进度、流程、产品的可升级、可维护性；等等。1 小时的会议结束，我顿感自己的硬件设计能力几乎为零，必须从头开始学起，回到公司立刻打开老板在我刚入职时发给我的硬件设计规范文档，逐条逐行地阅读、学习。

后来三年的硬件设计都是在跟大客户联合开发产品的过程中度过的，对实际产品中的 PCB 设计（仅原理图电路设计）也积累了很多心得和感悟。

2006 年转行做服务电子工程师的专业媒体"与非网"，虽然彻底告别了自己动手画 PCB 原理图的工作，但却从更多的层面接触到了行业里更多的硬件设计人员，尤其是 4 年前我们"硬禾实战营"做硬件实战培训，陆陆续续有 300 多名学员跟着我们学习 PCB 设计和 FPGA 编程，他们有在校的学生、研究生，也有工作了几年的工程师、高校教师。通过"电子森林"微信公众号和一系列与硬件相关的微信交流群，我们结识了上万的行业工程师朋友，跟他们的交流让我更深刻地感觉到有必要把我当年做硬件研发时期的心得和感悟分享出来。

2018 年下半年，我们在摩尔吧在线视频平台上开设了 30 节 PCB 设计的视频课程，算是对十几年前工作的一个粗线条的总结，虽然课程本身获得了很多工程师的认可，但总觉得第一次的视频课程做得太粗糙，也不够系统，有些地方不够准确，因此总希望有时间能再更新一版。

要说起和清华大学出版社的缘分还是很深的，与非网创办时的办公场地就和清华大学出版社在同一栋楼上——清华科技园的学研大厦，在与非网的成长中跟清华大学出版社有过非常紧密的内容合作，得到了清华大学出版社的大力支持。这次的 PCB 设计视频课程又得到了清华大学出版社计算机分社的策划编辑杨迪娜女士的认可，她建议我可以出版一本针对 PCB 初学者的指导性教程，将我当年做产品研发的一些体会融合进去，从而让初学者入门时就能够对产品化设计有一些正确的认识，尽可能避免未来研发中走弯路。

本书的由来就是如此。

下面再来说说本书的定位以及在本书中试图传达的几个要点。

1. 硬件工程师的主要职责：电路设计而不是工具的使用

自入行做技术以来近 30 年，我最大的体会就是技术领域的变革速度越来越快，产品日新月异，设计工具层出不穷，令人应接不暇，以后的节奏只会更快。应对变化最好的方式就是掌握其最核心的东西，对于硬件设计工程师来讲，最核心的就是电路设计，绝对不能沦为只会熟练使用工具的"器材党"。在技术交流群里经常会听到有人讲："我只会用 PADS 画板子""AD(Altium Designer)的快捷键我用得多快"等。我个人觉得这都是一些表面技能，沾沾自喜于这些技能的工程师一般都把注意力放在了工具的操作上，而忽略了核心的电路设计、设计的规范化、硬件的设计流程等更重要的点上。

在变化的世界里我们最需要具备的一项能力就是"触类旁通"，今天你用哪款设计工具学习 PCB 设计不重要，在未来的工作中大概率会用其他的工具，你要做到在 2 小时甚至更短的时间内切换到你不曾用过的新的设计工具中去。我们必须要有这个能力，而具备这个能力的最佳方式就是淡化针对某项"工具"的掌握。

因此在这本书中，除了用开源的设计工具 KiCad 为例做一些功能的介绍以外，尽可能做到所讲解的内容跟设计工具无关，即我们讲述的这些要点在任何一个工具中（AD、PADS等）使用都是一样的，这些是独立于工具之外的技术核心点。

2. 好的电路设计工程师一定要学好电磁场理论

经常有人问："我怎样才能成为一个好的硬件工程师？""怎么别人设计电路、调试板子这么轻松，而我就死活不入门？问题出在哪里？"对于这些朋友我一般建议他们结合电路中遇到的一些问题再去好好复习一下电磁场理论。原理图上的电路都是基于元器件特性的理想化的电气连接，而当你把器件安装到 PCB 上的时候，出现的稀奇古怪的各种现象几乎都是电、磁和它们的相互作用在作怪了，例如干扰、噪声、交调、信号完整性、EMC 等，最终你必须放在电磁场的大环境下来分析才能解决问题。

作为一本入门级的教程，对于 PCB 上电路性能的分析可能不够深入，需要工程师朋友们自己去翻看电路原理、电磁场理论方面的基础教程去学习和思考，当然学会一些设计仿真软件的使用也是非常有帮助的，遇到问题就结合这些理论来进行分析、总结会让你的设计技能更有效地提升。

3. 电路设计是综合能力的体现

我们工程师的职责就是根据项目的需求来进行设计，最终实现项目的所有功能、性能以及成本等方面的需求。这涉及很多环节，考验的是综合技能，越是靠前的环节影响越大，因为前面的决策一旦出差错，后面的所有工作都是白做。PCB 设计从字面上理解起来只是一个具体的执行过程，而前期的决策和方案制订、器件选型、器件关键信息的提取等也是尤其重要的，这需要我们提高对新产品的敏感度，专业英语的阅读能力，有效信息的快速提取，社会资源的整合能力等。因此本教程花了大量的篇幅介绍这些部分，反而原理图的绘制、PCB的布局布线等内容占比并不大。是的，这是一项系统工程，我们必须对系统中的各个关键点都高度重视。

4. 规范化设计思维的养成

在培训学员的过程中,我一再强调:任何设计首先是给别人看的,因此设计出来的元器件库、原理图、布局、布线都要先让别人凭着直觉就能看得懂;其次是让机器(设计工具软件)能看得懂,不产生误读;最后是自己将来随时随地都能看得懂。不能让别人凭直觉一下子就能看懂的设计是个失败的设计。

因为在任何一个公司、实验室,做任何一个产品,大概率都是一个团队一起做,不是你一个人来搞定所有的事情。你负责电路设计,操作工具熟练的 Layout 工程师帮你布局、布线;焊接工程师按照你的原理图和物料清单(BOM)帮你焊接元器件;软件工程师基于你提供的原理图编写操作 GPIO 的程序;采购人员要根据你提供的 BOM 进行元器件的采购、备料;其他项目组的同事需要参考你的设计……无论未来你职位的调整还是项目的变动,你的设计随时可能由其他同事接手。

因此"规范化"设计是我们硬件工程师,尤其是能力优秀的设计工程师必须要做到的基本功。如果坚持用你自己的风格,你的设计只有你自己才能看得懂,无论你的电路设计能力有多强,在一个团队中你的贡献可能是负的。

5. 时间成本最高

在一个企业里什么最值钱? 做过真正产品的工程师一定都会同意是"时间"。无论企业投资多大,无论你们的团队多么努力,无论你们的技术能力有多强,如果你的产品上市时间晚于竞争对手哪怕一天,这一切的"无论"都变得没有意义。对于企业开发产品来讲,就是要不惜一切代价抢在竞争对手前面推出有竞争力的产品。

在我们的研发过程中,要时刻记住"时间"的重要性,有时不惜花费一切代价也要换取时间,这体现在一点一滴的项目执行细节中,要有正确合理的开发流程;一个新产品从概念到成型,最多不能超过三次打板;不要贪图几百块钱的便宜到淘宝或者不明来历的贸易商那里去购买廉价的元器件,买到一个假货可能导致几天乃至几周的调试浪费;在学习一些有价值的课程方面舍得投资,即便学到一个有用的知识点,就可能避免你项目中的一个大坑,从而避免多打一次板的时间浪费。

6. 通过实际的项目体验模拟、数字混合系统设计

说得再多,都是书面的东西,我一直强调要动手、实战,只有在实际的项目中才能充分体会到书本上所有的知识和技能点。在本书中我特意为读者设计了一个综合性的实战项目——制作一个低成本的 DDS 任意信号发生器,并以 KiCad 为工具带着大家从项目需求开始到最终调试、测试完成整个流程。虽然看起来比较简单,但涉及模拟电路、数字电路、电源变换、接口协议、控制逻辑、软硬件协同等领域,通过自己的设计操作让这些功能模块都能如期工作起来并达到设定的性能指标。这样不仅可以熟练掌握 PCB 的设计流程、每个环节的要点,更重要的是对硬件系统有了更深刻的理解,真正做到了"电路设计"。

苏公雨

目录

CONTENTS

第 1 章　PCB 是什么 ··· 1

1.1　PCB 是做什么用的 ··· 1

1.2　PCB 上有什么 ··· 2

1.3　焊接一块 PCB 来体验一下 ··· 7

　　1.3.1　PCB 焊接前的准备 ·· 8

　　1.3.2　PCB 的手工焊接流程及基本要求 ···················· 9

1.4　总结 ·· 14

第 2 章　PCB 是怎样设计出来的 ··· 15

2.1　让计算机来辅助你设计 ·· 16

2.2　选哪款设计工具合适 ·· 16

　　2.2.1　选用的一般原则 ·· 16

　　2.2.2　常用的几款 PCB 设计工具 ································· 17

2.3　掌握一些设计资源会助你事半功倍 ······························ 19

2.4　安装一款工具,体验一下流程 ·· 20

　　2.4.1　KiCad 的下载和安装 ··· 20

　　2.4.2　KiCad 的主要功能 ·· 20

　　2.4.3　KiCad 的设计流程 ·· 20

2.5　总结 ·· 22

第 3 章　设计的核心——电路构成及器件选用 ····················· 23

3.1　抓住系统构成的核心要点 ··· 23

3.2　基本电路理论和公式 ·· 24

3.3　系统构成及各部分的工作原理 ······································ 24

　　3.3.1　电源 ·· 25

　　3.3.2　传感器部分——将被测的物理量转换为电信号,对物理世界
　　　　　用电信号来表征 ··· 26

　　　3.3.3　模拟信号调理 ·· 27

　　　3.3.4　数据转换 ADC 和 DAC ······································ 29

　　　3.3.5　数字信号/逻辑处理 ··· 29

　　　3.3.6　微控制器/微处理器——智能硬件和物联网产品的核心 ······ 30

　　　3.3.7　网络通信——物与物之间的连接 ·························· 31

　　3.4　元器件的选用原则 ·· 32

　　3.5　元器件选用渠道 ·· 33

　　　3.5.1　通过网站平台,根据型号或关键词进行搜索 ················ 33

　　　3.5.2　专业媒体的新产品介绍 ······································ 35

　　　3.5.3　其他渠道 ··· 35

　　3.6　总结 ·· 36

　　3.7　实战项目:"低成本 DDS 任意信号发生器"的制作 ·············· 36

第 4 章　电子产品设计流程 ·· 37

　　4.1　从创意到方案设计 ·· 37

　　　4.1.1　头脑风暴 ··· 38

　　　4.1.2　方案评估 ··· 38

　　　4.1.3　方案设计及器件选型 ·· 40

　　4.2　辅助的设计/验证工具 ·· 41

　　4.3　PCB 的设计 ··· 43

　　　4.3.1　逻辑设计——原理图 ·· 43

　　　4.3.2　物理实现——PCB 布局、布线 ····························· 43

　　4.4　总结 ·· 45

　　4.5　实战项目:"低成本 DDS 任意信号发生器"的方案分析及器件选型 ····· 45

第 5 章　会高效阅读英文数据手册很重要 ···································· 48

　　5.1　数据手册一定要看英文、正确的版本 ······························· 48

　　5.2　英文数据手册的重要组成 ··· 49

　　　5.2.1　首页都是关键信息汇总页 ···································· 49

　　　5.2.2　引脚定义信息页面 ·· 49

　　　5.2.3　极限工作条件和推荐工作条件页面 ·························· 51

　　　5.2.4　元器件的关键性能和各参数之间的关系曲线 ················ 53

　　　5.2.5　元器件应用中需要特别注意的地方 ·························· 54

　　　5.2.6　元器件的封装信息 ·· 55

　　　5.2.7　元器件之间连接的时序图 ···································· 55

　　　5.2.8　参考设计的参考 ·· 56

　　5.3　实战项目:"低成本 DDS 任意信号发生器"中的元器件数据手册阅读要点 ··· 60

第 6 章　每一个器件都由其"库"来表征 ·· 61

　6.1　三个环节分别需要的"库"信息 ·· 61

　6.2　原理图"符号"的构成要素 ·· 62

　6.3　元器件"封装"的构成要素 ·· 64

　6.4　元器件"器件信息"的构成要素 ·· 67

　6.5　元器件库的几种构建方式 ·· 67

　6.6　总结 ··· 68

　6.7　实战项目:"低成本 DDS 任意信号发生器"中的元器件库的构建 ··· 68

第 7 章　用原理图来构建电路连接 ··· 71

　7.1　原理图是用来干什么的 ··· 71

　7.2　原理图构成 ··· 73

　7.3　什么才是一个好的原理图 ·· 78

　7.4　原理图的绘制流程及要点 ·· 80

　7.5　总结 ··· 80

　7.6　实战项目:"低成本 DDS 任意信号发生器"的原理图说明 ··········· 80

第 8 章　布局——实际排列位置很重要 ··· 83

　8.1　元器件布局的核心要点 ··· 83

　8.2　元器件布局的步骤 ··· 84

　8.3　总结 ··· 88

　8.4　实战项目:"低成本 DDS 任意信号发生器"的元器件布局 ············· 88

第 9 章　布线 ··· 90

　9.1　了解 PCB 制造厂商的制造规范 ·· 90

　9.2　确定板子的层数并定义各层的功能 ·· 91

　9.3　设定布线的规则 ··· 91

　9.4　换层走线及过孔的使用及设置 ·· 93

　9.5　关键信号线走线 ··· 93

　9.6　布线的一般规则 ··· 95

　9.7　铺地/电源 ·· 97

　9.8　使用 PCB 散热 ··· 99

　9.9　检查 ··· 100

　9.10　调整丝印 ·· 100

　9.11　实战项目:"低成本 DDS 任意信号发生器"的 PCB 布线要点 ······ 101

第 10 章　打板 ··· 103

　10.1　PCB 和 PCBA ··· 103

10.2 PCB 制板工序 ··· 104

10.3 需要提供的文件 ··· 104

10.4 PCB 制板要考虑的因素 ··· 105

10.5 工艺参数参考 ··· 106

10.6 建议可以 PCB 打样的主要厂商 ··· 106

10.7 在线估价和下单 ··· 107

10.8 实战项目："低成本 DDS 任意信号发生器"的 Gerber 文件生成 ········· 107

第 11 章 巧妇难为无米之炊——备料 ··· 110

11.1 产生 BOM 和备料的时间点 ··· 110

11.2 怎样才是一个好的 BOM ··· 111

11.3 采购流程和原则 ··· 113

11.4 采购货源渠道 ··· 113

11.5 实战项目："低成本 DDS 任意信号发生器"中的元器件备料 ········· 115

第 12 章 见证奇迹的时刻——调试 ··· 117

12.1 焊接是调试电路板的基本功 ··· 117

12.1.1 用热风枪进行器件的拆卸和安装 ································· 117

12.1.2 使用回流炉 ··· 118

12.2 必备的调试工具——测试测量仪器 ································· 118

12.2.1 常规的测量四大件 ································· 118

12.2.2 口袋仪器 ································· 120

12.3 PCB 的调试流程 ··· 120

12.3.1 制订调试计划 ································· 121

12.3.2 裸板测试 ································· 121

12.3.3 焊接测试 ································· 122

12.4 PCB 的测试及报告 ··· 122

第 13 章 电磁带来的"困扰"及对策 ··· 124

13.1 "地"的处理 ··· 124

13.1.1 设备接"大地" ································· 125

13.1.2 内部信号的模拟地和数字地 ································· 125

13.1.3 常见的一些接地方法 ································· 126

13.1.4 PCB 设计中对地的处理 ································· 126

13.2 去耦电容的选用 ··· 129

13.2.1 去耦电容的作用 ································· 130

13.2.2 去耦电容的选择 ································· 131

13.2.3 电容位置的摆放 ································· 135

13.3 多层板的设计要点 ··· 137

13.4 高速信号的设计要点 ……………………………………………………… 139

第 14 章 设计资源参考 …………………………………………………………… 143

14.1 电子工程师常用资源参考网站 …………………………………………… 143

14.2 主要元器件制造厂商 ……………………………………………………… 143

14.3 PCB 设计工具 ……………………………………………………………… 145

14.4 PCB 设计库资源 …………………………………………………………… 145

14.5 电路仿真工具 ……………………………………………………………… 145

14.6 项目参考网站 ……………………………………………………………… 146

14.7 开源平台及提供商 ………………………………………………………… 146

第 15 章 元器件常用原理图符号和 PCB 封装 ………………………………… 147

15.1 电阻 ………………………………………………………………………… 148

15.2 电容 ………………………………………………………………………… 149

15.3 电感 ………………………………………………………………………… 149

15.4 按键/开关 …………………………………………………………………… 150

15.5 电源 ………………………………………………………………………… 151

15.6 二极管 ……………………………………………………………………… 151

15.7 三极管 ……………………………………………………………………… 152

15.8 数字逻辑门 ………………………………………………………………… 153

15.9 集成电路(IC) ……………………………………………………………… 154

15.10 独特的 IC：运算放大器和稳压器 ……………………………………… 155

15.11 晶体和谐振器 …………………………………………………………… 155

15.12 接头和连接器 …………………………………………………………… 156

15.13 电机、变压器、扬声器和继电器 ……………………………………… 156

15.14 熔丝和 PTC ……………………………………………………………… 157

15.15 非元器件符号 …………………………………………………………… 158

第 16 章 实战项目：低成本 DDS 任意信号发生器 …………………………… 159

16.1 项目需求 …………………………………………………………………… 159

16.2 项目方案 …………………………………………………………………… 160

16.3 元器件库的获取和构建 …………………………………………………… 164

16.4 原理图绘制 ………………………………………………………………… 166

16.5 元器件的布局 ……………………………………………………………… 166

16.6 PCB 布线 …………………………………………………………………… 168

16.7 生产文件 Gerber 的生成及检查 ………………………………………… 170

16.8 BOM 的生成 ……………………………………………………………… 172

第 1 章

PCB是什么

在本章我们先看一下什么是 PCB？它的主要功能是做什么的？构成 PCB 的基本元素都有哪些？并通过一块实际 PCB 的焊接操作，初步体会 PCB 与电路（由元器件构成）连接之间的关系，以及常用的一些元器件的封装形式。有了这些感性的认识，就能够帮助我们在后期的学习中更直观地理解 PCB 的设计过程以及每个环节的基本要领，尤其是原理图（Schematic）、BOM（Bill of Material，物料清单）文件和 PCB 设计文件之间的关系以及设计规范化的重要性。

1.1　PCB 是做什么用的

PCB 是三个英文单词 Printed（印刷的）、Circuit（电路）、Board（板）的头字母，中文称为印制电路板，如图 1.1 所示。

图 1.1　还没有安装元器件的印制电路板

问题来了：

- 为什么要把电路印制在板子上？
- 如何才能将电路印制在板子上？如何设计？如何加工？
- 将电路印制在板子上，会与你基于理想化的"电路理论"做出的设计有哪些偏差？怎样尽可能降低偏差？

先回答第一个问题，为什么把电路印制在一个平面板子上呢？看图1.2中左侧的部分，是不是很头大？不仅杂乱无章而且元器件之间的电气连接非常不可靠。如果将所有的元器件都"绑"在一个平面上(实际上是由多层构成)，而通过这个平面上的走线将要电气连接的引脚互相连起来，可靠性会大大增加，成本大大降低，它们之间的连接关系也非常有条理，这就是PCB的功能。

图1.2　PCB的功能——将不同的元器件放置在上面，并能够将这些元器件进行电气连接

可见PCB的主要功能就是为了帮助各种形状、封装的元器件能够方便地进行电气连接，PCB的设计目标如下：

- 将各种封装的元器件适当地固定在电路板上，并能够将这些器件的每个引脚的信号(通过焊盘Pad)连接起来；
- 在将各个器件的引脚进行连接的时候，一定要满足所需要的电气性能，达到电路设计的技术指标，电路板本身尽可能不对板上的电信号带来连接错误、噪声、失真等；
- 同时要满足各种机械、加工、散热、电磁干扰等方面的要求。

1.2　PCB上有什么

我们先看一个还没有焊接元器件的，基于小脚丫FPGA的扩展训练板的PCB版图，如图1.3所示(从KiCad产生的效果图)。从这个图中可以看到构成PCB的一些主要元素。

1. 器件

器件(Part)指焊接在PCB上的元器件，以焊盘+丝印的方式出现在板子上。PCB承载的主体就是各种元器件，元器件的种类繁多，其"体貌"(在PCB上的封装)也千差万别，甚至同一个型号的元器件有多种不同的封装形式，例如一个14引脚的运算放大器LM324会有DIP14、SO-14、SSOP14等封装形式，根据封装类型可以将器件简单分为两个大类。

- 通孔(Through hole)器件：需要在电路板上打孔将引脚固定住，元器件的引脚跨越

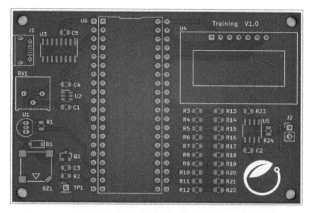

图1.3 一个PCB的主要构成(KiCad生成的效果图)

顶层(Top layer或Front layer)和底层(Bottom Layer或Back layer)两个层。

- 表面贴装(Surface mount)器件：元器件只出现在一个层上，可放置在顶层，也可以放置在底层，但一个器件只在其中的一个层上。随着产品的系统运行速度越来越快，器件的集成度越来越高，表面贴装器件(SMD)也成为了主流，因为其体积小巧、便宜，高频特性好，电路板加工生产比较容易，电路板的密度可以更高。PCB上不同封装的元器件如图1.4所示。

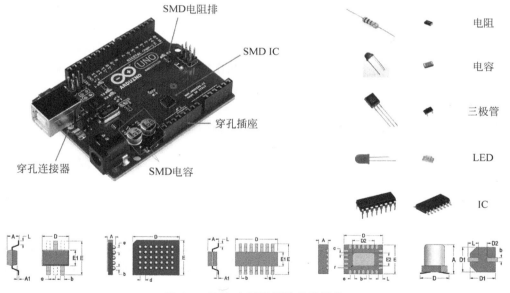

图1.4 PCB上不同封装的元器件

大家要注意区分与表面贴装器件相关的两个英文术语：
- SMT(Surface Mount Technology)，表面贴装技术或表面贴装工艺，简称"表面贴装"。
- SMD(Surface Mount Device)，翻译过来叫表面贴装元器件。

2. 焊盘

器件的引脚(Pin)通过焊盘固定在电路板上，并同其他焊盘进行电气连接。焊盘(Pad)

是器件封装的重要组成部分。取决于器件的封装类型,它有贯穿上、下层的通孔(Through Hole)焊盘,也有只在顶层或底层的表面贴装(Surface Mount)焊盘,如图1.5所示。有的器件这两种焊盘都有。它们的形状和尺寸也是多样的,在用CAD工具构建元器件封装的时候,要根据该器件的数据手册中的定义来正确设定,在使用工具自带的封装或从网上下载封装的时候,一定要仔细检查,确保焊盘的大小满足器件手册里的规格要求。

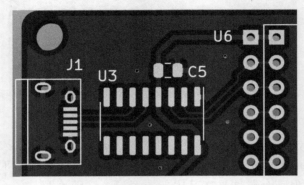

图1.5　通孔焊盘(J1、U6)和表面贴装焊盘(J1、U3和C5)

3. 层

PCB是分层(Layer)的,每一层的功能和定义不同,元器件一般是在PCB的顶层(Top layer或Front layer)或底层(Bottom layer或Back layer),除了连接信号的"物理"层之外,还有一些用于加工、安装以及信息指示的层,我们一般提到的单面板、双层板、4层板等都是指的有电气连接的层数(信号、电源、地等),而CAD工具中的层外延更广,在用CAD工具设计PCB的时候一定要清晰理解这些层的含义和作用,正确地进行层的设置和使用。单面板和双面板的构成如图1.6所示。

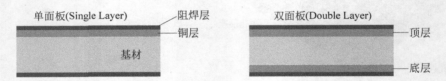

图1.6　单面板和双面板的构成

4. 走线

走线(Track或Trace)是PCB上用于器件和器件之间进行电气连接的铜线,原理图上的连线(Wire)是理想的连接:无阻抗、无电流限制、无互相之间的干扰,但在电路板上的实际走线则具有一定的阻抗(取决于走线的长度、宽度、板材、过孔等),线和线之间还会存在互相的电磁干扰等实际的问题,毕竟板上的空间是有限的,线的长度、宽度以及线和线之间的距离都是要根据板子的物理空间以及要连接的信号数量进行设定的。

取决于信号的性质以及板卡上走线空间的限制,其宽窄也有所不同,例如承载大电流的走线要尽可能短而粗;成对传输信号的差分线要尽可能等长度;高速的数字信号连线其传输阻抗尽可能匹配发送器件的输出阻抗以及接收器件的输入阻抗等。图1.7为国外一工程师设计的集高速数字电路、电源管理、射频电路于一体的收发模块STRF,从这个板子的3D

视图可以看出，不同信号走线的差异，包括数字信号走线（包括连接 USB 的差分对走线）、射频信号走线、供电走线都做了特别的处理。

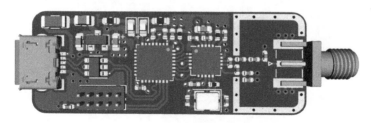

图 1.7　PCB 板上的走线

5. 过孔

如果电路不能在一个层面上实现所有的信号走线，就要通过过孔（Via）的方式将信号线进行跨层连接，过孔的形式以及孔径的大小取决于信号的特性以及加工厂工艺的要求，可以将过孔类比为生活中的地下通道。根据连接信号层的设置，过孔主要分为如下三种方式，如图 1.8 所示。

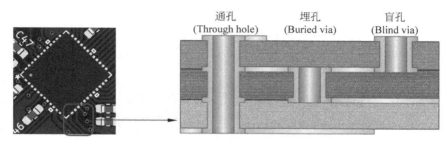

图 1.8　过孔及其三种方式

- 通孔（Through hole），连通了上下两层，上下都可见。
- 埋孔（Buried via），在电路板内部，连接电路板内部的两个层，表面上看不到。
- 盲孔（Blind via），只有一面能看到，另一面看不到，该孔将一个表面层的信号连接到内部的某个信号层。

过孔的形状和尺寸也不是随便设置的，它取决于连接信号的特性以及 PCB 加工厂的工艺要求。

6. 丝印

在 PCB 上丝印（Silk Screen 或 Overlay）被用来标记元器件的轮廓、方向、编号、备注信息以方便辨识，其名称在不同的 CAD 软件中叫法不同，例如在 Altium Designer 顶层的丝印就称为 Top overlay，底层的丝印被称为 Bottom overlay。图 1.9 是我们的 DDS 任意波形发生器学习板的 3D 视图，其中用白色字符标注的元器件的编号、"DDS AWG Training Board""STEP FPGA"文字串乃至二维码都是在丝印层上的信息。

7. 阻焊

为了防止不该连接的信号线由于种种原因导致短路，特意在 PCB 板上设置有一个阻焊（Solder Mask）层进行保护，在上下两层没有焊盘的地方上的一层用于绝缘的油层，防止焊锡将不同信号的两根连线短路。阻焊层的存在还能够防止在回流焊接、波峰焊接和手工焊

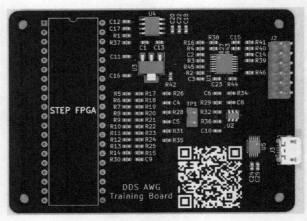

图 1.9　PCB上的丝印

接过程中导线和焊点之间的短路以及铜层的氧化,提升了板子的可靠性。用不同颜色的阻焊层也就得到不同颜色的板子,例如图 1.10 中同一个板子在加工的时候选择不同的阻焊层颜色,也就得到不同颜色的板子。很多公司或团队特意将某一系列的板子采用某一种颜色以彰显其风格,例如 SparkFun 的板子基本都是红色。即使是同一块板的两侧也可能使用不同颜色的阻焊方式,如 Arduino Uno 板的正面是绿色的,而背面则有一部分是白色的。

绿色

红色

紫色

图 1.10　不同颜色的板子其实就是选用了不同的阻焊颜色

在加工快板的时候选用不同的阻焊颜色,价格和交期可能都会不同,绿色是最通用的、最快捷的,在你提交 Gerber 文件选择加工选项的时候要注意。

8. 定位孔

在很多板子上靠近四周的地方一般都会有一些内直径为 2.5～3mm 的圆形孔,被称为定位孔(Mounting Hole)。这些孔的作用有的是用来同其他板卡进行物理层叠连接固定用的,对于研发中的原型产品,即使没有其他板卡相连接,也会在四个角上打上孔,以方便调试。在不妨碍其他电气连接的前提下,四个孔可以同板上的"地"连接,调试过程中示波器探头以及其接地夹子同板上"地"的连接比较可靠,不需要再焊接接地的测试点,当然高速电路的接地点一定要靠近被测的信号。另外在调试的时候,在四个定位孔上安装塑料或金属的螺钉,能够起到支撑的作用,放在实验台上同台面保持一定的距离,以避免台面上的导线、元器件造成板子上的信号短路。用于同主板连接的定位孔如图1.11所示。

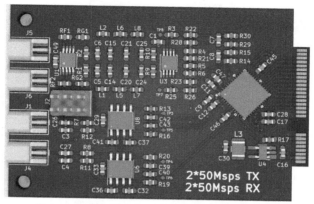

图 1.11　用于同主板连接的定位孔(左侧两个)

1.3　焊接一块 PCB 来体验一下

图 1.12 是工程师从方案设计到最终焊接调试的一个大致流程图,PCB 的焊接是在 PCB 设计、PCB 加工完成以后再做的一个步骤即安装(PCBA),之所以将焊接放在本章,就

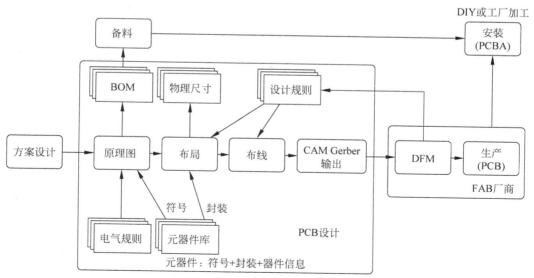

图 1.12　从方案设计到 PCB 焊接

是希望工程师在学习设计之前最好先通过焊接过程对 PCB 的构成以及元器件的封装有一个直观的认识,这样更容易理解设计过程中的一些基本概念、规则要求以及设计过程中要注意的一些要点。下面我们先来了解焊接的流程和基础技能,并建议读者可以基于我们提供的、加工好的 PCB 进行焊接初体验,将所有器件焊接完成以后能够让板子通电正常工作。PCB 焊接所需要的主要工具如图 1.13 所示。

烙铁	焊锡	吸锡线	吸锡枪
镊子	剥线/剪管脚	万用表	放大镜
焊锡膏	PCB夹具	热风枪	回流炉

图 1.13   PCB 焊接所需要的主要工具

1.3.1   PCB 焊接前的准备

准备工作如下:

- 一块加工好的、待焊接的 PCB 光板。
- 要焊接到板上的元器件,根据原理图或 BOM 清单备齐。
- 镊子——在焊接的过程中用于夹取元器件。
- 万用表——用于测量通断、元器件的值以及二极管等的极性。
- 烙铁——最好是能够温控的。
- 焊锡丝。
- 吸锡枪。
- 放大镜——对焊接封装很小的器件以及查看焊接点的质量非常有用。
- 斜口钳/剥线钳。
- 吸锡线/吸锡枪。
- 热风枪——对于拆卸、安装表面贴装的器件很方便。
- 回流炉/焊锡膏——基于钢网进行小批量加工能提升效率并达到较好的焊接效果。

上面的图列举了一些最基本的工具,相信大家一看就知道这些工具的用途,在此不再赘述。只有右下角的热风枪、回流炉等对有些工程师来讲可能接触得少一些,但随着芯片集成度越来越高、封装日趋小型化,QFP、QFN、BGA封装的器件被大量使用,这两个设备也逐渐成了实验室的必备工具。

除了上述的工具外,我们还需要知道将哪些器件焊接到什么位置上,因此还需要与该PCB相关的设计文件,细心的读者会看到PCB上的器件通常只标记了参考编号(例如R1、C10等),究竟这些参考编号代表的元器件的值是多少?是什么型号?在拿到的PCB上是没有相应的信息的,这是因为PCB上的空间有限,只能将参考编号信息印制上去(丝印),更高密度的板子连器件的参考编号也没有空间印制上去,要准确知道这些器件的型号或值,一般需要以下两种文件中的一个。

(1)原理图(Schematic)

如图1.14所示,参阅原理图不仅可以定位PCB上每个器件的具体信息,在逐级调试的过程中,还可以根据原理图决定元器件焊接和调试的先后次序。

(2)物料(BOM)清单

BOM清单如图1.15所示,BOM文件在PCB上安装元器件以及调试的时候辨别元器件时比较常用,从BOM文件中可以看出某一种值的元器件的数量,这样可以更方便地决定每种器件的数量。

PCB的丝印图,如图1.16所示。

KiCad通过插件可以生成格式为HTML的交互式BOM文件,可以在浏览器中打开,非常便捷地定位PCB上每一个元器件的位置、方向、编号、值等。

1.3.2　PCB的手工焊接流程及基本要求

1. 通孔器件的焊接

虽然越来越多的器件都采用表面贴装(Surface mount)的封装,但PCB上仍会有不少器件是通孔的器件,例如连接器、插座等,焊接最简单的、也最基本的就是学习焊接通孔的器件。通孔器件的焊接如图1.17所示。焊接通孔器件有一个经典的"五步焊接法",如图1.18所示。

核心要点是想用烙铁头将器件的引脚和焊盘之间的连接处加热到焊锡丝能够融化的温度,再将焊锡丝放在连接处进行加热,并在焊锡丝移走以后用烙铁头轻轻触动被焊接的引脚,使得融化的焊锡能流入并均匀渗透到焊盘中,这样器件的引脚可以和焊盘的连接比较稳固,不需要太多的焊锡,最后用斜口钳将多余出来的引脚剪掉即可。

2. SMD器件的手工焊接

表面贴装的器件(SMD)越来越普及,尤其是电阻和电容,0805、0603的封装成了现在PCB上的标配,元器件密度比较大的板子上电阻、电容都用上了0402甚至0201的封装。除了这些SMD的无源器件之外,QFP、QFN封装的IC也越来越普遍,因此SMD的焊接也成了硬件工程师必须要掌握的一项技能,SMD封装电容的焊接图示如图1.19所示。在我们硬禾实战营的焊接培训环节,要求每个学员焊接并点亮64颗(8×8点阵)0402封装的LED。

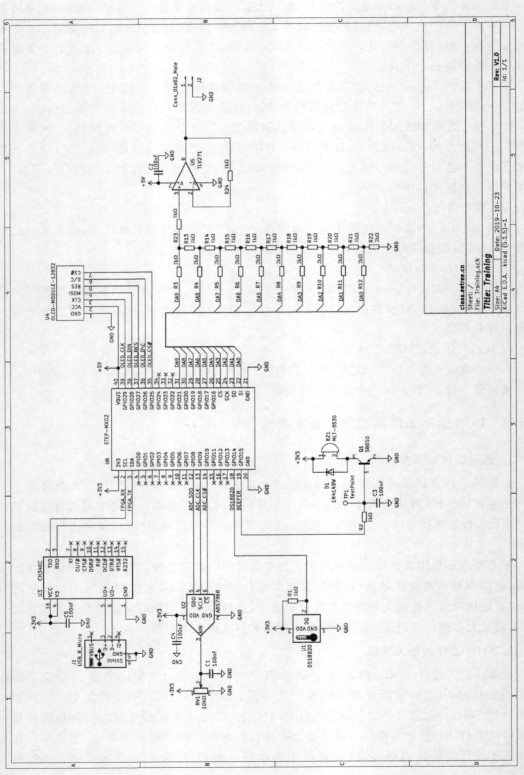

图 1.14 焊接板的原理图

Source:	F:\PCB_Project\Kicad\Training\Training.sch			
Date:	1/7/20 15:			
Tool:	Eeschema (5.1.5)-3			
序号	数量	参考	值	封装
1	1	BZ1	MLT-8530	MLT-8530
2	5	C1, C2, C3, C4, C5	100nF	C_0805_2012Metric
3	1	D1	1N4148W	D_SOD-123
4	1	J1	USB_B_Micro	USB_Micro-B
5	1	J2	Conn_01x02_Male	PinHeader_1x02_P2.54mm_Vertical
6	1	Q1	S8050	Package_TO_SOT_SMD:SOT-23
7	13	R1, R2, R13, R14, R15, R16, R17, R18, R19, R20, R21, R23,	1kΩ	R_0805_2012Metric
8	11	R3, R4, R5, R6, R7, R8, R9, R10, R11, R12, R22	2kΩ	R_0805_2012Metric
9	1	RV1	3386P-1-103T	3386P
10	1	U1	DS18B20	TO-92_Inline
11	1	U2	ADS7868	SOT-23-6
12	1	U3	CH340C	SOIC-16_3.9x9.9mm_P1.27mm
13	1	U4	OLED-MODULE-12832	OLED-MODULE-12832
14	1	U5	TLV271	SO-8_3.9x4.9mm_P1.27mm
15	1	U6	STEP-MXO2	DIP-40_800

图 1.15　焊接训练板的 BOM 清单

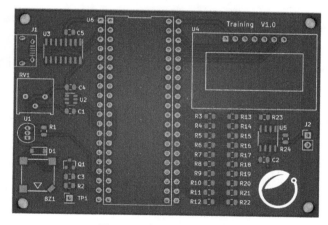

图 1.16　焊接板的丝印图

图 1.17　通孔器件的焊接图示

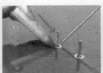

图 1.18   通孔器件的"五步焊接法"图示

图 1.19   SMD 封装电容的焊接图示

电阻、电容、LED 等只有 2 个引脚,相对来讲焊接比较简单,同通孔器件不同的是:

第 1 步要先把两个焊盘中的一个加热涂上一些焊锡,另一个焊盘不要上锡以保持平整;

第 2 步用镊子夹住被焊接的器件,推向正用烙铁加热的焊盘,使得器件的一头和焊盘的连接处被焊锡充分包围、连接上;

第 3 步用烙铁头加热另外一个焊盘和器件引脚的连接处,将焊锡丝推向加热点熔化,浸润到焊盘和引脚的结合处;

第 4 步移走焊锡丝和烙铁头,用口轻轻向焊接的地方吹气,熔化的焊锡会迅速凝固,这样就完成了一个器件的焊接,焊接图示如图 1.20 所示。

对于 SMD 的集成电路来讲,由于引脚比较多,且细、密,不可能逐个引脚去焊接,因此首先要将集成电路上的两个引脚先焊接、固定在板子上,然后再用助焊剂、松香(可以用用酒精浸泡的松香水)涂抹所有的引脚,一滴焊锡就可以搞定一排 20 个引脚的焊接,当然后期需要用酒精对松香进行清洗。

焊接的过程也伴随着 PCB 上器件的拆卸过程,在此不再赘述。

同时为锻炼大家的焊接技能,"硬禾学堂"还专门设计了一套用于焊接训练的套件,它主要使用了 0603 封装的电阻和 LED,以及 SOIC-16 的 IC。

用于焊接训练的套件包括:

• 8×8 共 64 颗单色 LED 灯,封装大小为 0603,用于练习 0603 器件的焊接以及识别 LED 的极性并正确焊接的技能。另外,注意到 LED 不能过度加热,否则会损毁器件。

图 1.20 SMD 封装集成电路焊接图示

- 每个 LED 还搭配了一颗限流电阻,因此还有 64 个 0603 封装的电阻,虽然点亮 64 个 LED 并不需要这么多电阻,但为了让学员能更多地练习 0603 封装器件的焊接,还是为每个 LED 都搭配了一颗限流电阻,同时也让学员理解限流电阻对 LED 亮度的调节作用。
- 2 颗串-并变换、SOIC-16 封装的 74HC595D。
- 2 颗 0603 封装的电源去耦电容。
- 2 个 5 引脚直插的连接器,用于练习多引脚 IC 的焊接、直插连接器器件的焊接技能。

此套件不仅可以用于焊接训练,焊接完好的灯板可以作为一个 8×8 点阵的显示屏使用,如果你有多块这样的点阵 LED 板,就能级联组合成较大(例如 64×32 点阵)的显示屏。练习焊接的 LED 灯板如图 1.21 所示。

图 1.21 练习焊接的 LED 灯板

PCB设计流程、规范和技巧

1.4 总结

本章对 PCB 基本构成做了一个简单介绍,并建议读者通过 PCB 的焊接来体会 PCB 的构成要素,对元器件的封装有个直观的认识,同时我们也可以体会到原理图(Schematic)、物料清单(BOM)和 PCB 板的关系。

(1)原理图是表征 PCB 板的电路中各元器件之间的电路连接关系的,原理图上的元器件的符号是抽象的,但能够直观地表达该元器件的功能及对外的信号连接。原理图的直观与否、原理图上元器件的信息标注是否规范,对于 PCB 的焊接会有很大的影响,对后期 PCB 的调试也会有比较大的影响。

(2)专业的焊接工程师在焊接电路板的时候会先根据 BOM 上的元器件型号、数量等进行备料,并在焊接的时候根据 BOM 上的元器件编号对应 PCB 上的元器件进行焊接,多数情况下并不看原理图,因此 BOM 上的信息要足够详细和清晰,例如电阻的阻值、精度、功率等,BOM 的规范性非常重要。

在后面的 PCB 设计章节,我们会详细介绍原理图的作用、构成以及 BOM 清单的生成和规范。

第 2 章

PCB是怎样设计出来的

在第 1 章我们讲解了 PCB 的构成，并通过一个电路板的焊接体会了 PCB 上的一些关键元素以及原理图和 BOM 文件的作用。这一章我们来了解 PCB 是如何通过工具设计出来的？

要将你设计的电路最终印制到"板"上，并在板子上工作，主要分为以下 3 个步骤。

（1）PCB 设计：在 PC 上用设计工具软件设计。

（2）PCB 加工：送到制板厂将你的设计文件（一般为 Gerber 文件）变成实际的电路板（裸板）。

（3）PCB 组装：将电路中的元器件安装在步骤（2）加工好的电路板上，让其工作，这个过程也被称为 PCBA。研发阶段一般都是研发企业在实验室里通过简单的设备，由经验丰富的焊接师傅或硬件工程师本人将元器件焊接、安装在电路板上。如果做批量生产或需要特殊加工工艺的时候，可以让专业的厂商通过回流焊、波峰焊、手工焊接等方式将元器件安装在 PCB 上。

行业里与 PCB 相关的制造企业有的专注在 PCB 的生产，有的专注在 PCBA 的服务，当然也有的企业既做 PCB 的生产，又提供 PCBA 的服务，更有一些企业连 PCB 的设计服务（我们一般称之为 IDH-独立设计公司）也做，因为他们对 PCB 的制造和 PCBA 的服务比较专业，因此 PCB 的设计服务也会有比较大的优势。

我们通过手工焊接电路板已经体验了第（3）步（PCB 组装），第（2）步（PCB 加工）由 PCB 厂商来完成，本书的重点在于设计部分，接下来我们就先看看 PCB 的设计是个怎样的过程。

2.1　让计算机来辅助你设计

设计 PCB 首先需要一套让计算机帮我们干活的、专业的工具,也就是我们常说的 PCB 辅助设计工具,英文叫 CAD(Computer Aided Design)。从名字上讲,CAD 不局限在电子领域(机械结构设计的工具也可以被称为 CAD,例如 AutoCAD、FreeCAD 等),还有一种说法被称为 EDA(Electronic Design Automation,电子设计自动化),但行业里主要指 IC 设计,由于发展了几十年,PCB 的设计工具还远未达到设计"自动化"的程度,因此我觉得称之为 CAD 更合适。

PCB 设计工具主要包括两大功能:

(1) 原理图绘制(Schematic Capture)——工程师根据方案选型定好的器件,在 CAD 工具中将各个元器件的符号(事先创建好的、表征元器件功能和信号连接关系的)放置好,并用连线将它们之间的电气连接关系体现出来,这不是物理的实现,只是电路层面的原理性表示。

(2) PCB 布局、布线(PCB Layout)——工程师根据自己设定的最终板卡的物理尺寸、性能要求以及成本预算等,通过 CAD 工具的布局、布线功能,将原理图设计的电路生成可以安放电子元器件,并能够满足物理尺寸要求的 PCB 的设计文件。PCB 制造厂商能够根据设计文件加工成 PCB,并在安装元器件之后能够加电工作,满足设计需求。

为配合这两个主要的功能,一般 CAD 工具还有一些其他辅助性的功能,例如原理图符号的构建、元器件封装的构建、ERC(电气规则检查)、DRC(设计规则检查)、自动布线、元器件数据库管理等。

2.2　选哪款设计工具合适

任何一种工具,一定存在着多种选择,而且各有千秋,PCB 设计工具也不例外,企业的选用和学习者的选用出发点是不同的。但大家要明白的一点是,就像不同品牌的汽车其功能和操作方式都大同小异一样,任何一个 PCB 设计工具的使用其实都类似,基本原理、流程和能支持的功能都是相同的,在学习的时候无论使用哪一种工具,都要学习其本质的东西并具备举一反三的能力。未来的工程设计不可能只用你已经熟练使用的工具,你就职的企业选用的工具不见得就是你用过的,你需要在很短的时间内完成切换,迅速、高效地使用另一种工具,即便是你从来没有接触过的。

2.2.1　选用的一般原则

- 功能和成本之间进行平衡。
- 直观、好用,资料和资源丰富,用户群大。
- 比较成熟,风险较低,制板厂广泛接受。

- 库资源比较丰富且稳定,可以方便用于多个项目。
- 器件管理功能:降低元器件管理和采购的成本,养成好的习惯。
- 初始使用可以选择:有免费版本,全功能试用期,有限制功能的免费版。

2.2.2 常用的几款 PCB 设计工具

1. Altium Designer

Altium Designer 是一款目前在中国用户群最大的 PCB 设计工具,历史悠久,资源也非常丰富,经典历史版本如 Protel、Protel 99SE 是很多工程师的情怀版本,后来的软件改名为以其公司名字(Altium)开头,称为 Altium Designer,简称 AD。2020 年已升级到了 AD20 版本。该软件可以免费、全功能体验一个月,一个月以后就需要购买并获得使用授权才能继续使用。目前它只支持 Windows 操作系统。

2. OrCAD

OrCAD 是一款经典的 PCB 设计工具,名字来源于 Oregon+CAD,它集成了仿真(PSpice)和分析工具以及 CIS(元器件信息系统),还可以输出 HDL 格式的 Netlist,更有全功能的免费版本做体验,跟 PSpice 以及 Cadence 旗下的另一款知名 PCB 设计工具 Allegro 进行了深度整合。

3. PADS

PADS 是一款规则驱动下的,功能强大的交互式布局、布线工具软件,包括 PCB Logic、PCB Layout(PowerPCB)、PCB Route,并可以对接 OrCAD、CAD350、Autodesk、ProE 等流行的工具软件。它还支持 DRC、DFT、DFM 校验与分析,在中国的企业用户很多,被很多企业定位为高端 CAD 软件,属于 Mentor Graphics 旗下非常专业的 PCB 设计工具。

4. EAGLE

EAGLE 是一款可编写脚本(Script)的 EDA 工具,具有原理图输入、PCB 布局、自动布线和计算机辅助制造(CAM)功能。EAGLE(Easily Applicable Graphical Layout Editor,易于应用的图形布局编辑器)是由德国的 CadSoft Computer GmbH 开发的,现纳入全球著名的 CAD 工具提供商 Autodesk Inc. 旗下。Eagle 可以运行在 Windows、Mac OS、Linux 三种主流平台下。它的收费模式是按月收费,免费版本限制了电路图只能支持两个页面,PCB 只能支持两层而且尺寸最大为 $80cm^2$。高校的用户可以免费使用全功能的版本,全功能的付费使用也不贵,其库资源非常丰富,被知名的开源硬件提供商 SparkFun、Adafruit、Arduino、Seeed Studio(深圳矽递科技有限公司,旗下拥有柴火空间)等采用,收费模式如图 2.1 所示。在这些公司的网站或 Github 上都能够下载到 Eagle 格式的设计源文件及库。

5. KiCad

KiCad 是一种免费、开源的 PCB 设计工具,它提供了大量满足任意项目设计所需的功能。它最初由法国人 Jean-Pierre Charras 开发,此工具提供了一个用于原理图输入和 PCB

图 2.1　Eagle 工具按年收费的模式

布局、布线的集成化开发环境。在这个工具中还有用于产生 BOM、Gerber 文件，对 PCB 进行 3D 查看的功能。2013 年，CERN(欧洲核子研究组织)的 BE-CO-HT 部门开始贡献一些资源，支持其成为开源硬件领域与商用的 CAD 工具相似的工具软件。

　　KiCad(非商业运营的团体的网站用 org 的比较多)于 2015 年 12 月发布了 4.0.0 版本，是第一个由大量 CERN 开发者开发的高级工具的版本，CERN 也希望通过捐款的方式支持更多的开发者完善这个软件，最新可以稳定使用的版本是 5.1.6。主要特点如下：

- KiCad 是一种全功能的 PCB 设计工具。
- 免费、开源，非常适合中小企业尤其是初学者使用。
- 支持多平台，可在 Windows、Mac OS 和 Linux 上运行。
- 应用套件包括原理图绘制 Eeschema、PCB 布局布线 PCBNew、Gerber 文件查看、3D 实体模型查看等。
- Python 脚本支持电路板和封装库自动化。
- 有大量符号、封装和 3D 模型库可供下载。
- 应用和文档已翻译成多种语言。

KiCad 工具套装除了工程管理这个功能外，还有 8 个重要的部分：

（1）Eeschema(原理图绘制编辑器)。

（2）Symbol Editor(符号编辑器)，为 Eeschema 提供配合服务。

（3）PCBNew-PCB 布局布线，它包含了 3D 查看的功能。

（4）Footprint Editor(封装编辑器)，为 PCBNew 提供配合服务。

（5）GerberView：查看 Gerber 文件。

（6）Bitmap2Component：将图像文件转变成 PCB 的封装。

（7）PCB Calculator：PCB上的参数计算器。

（8）Page Layout Editor：页面布局编辑器。

KiCad的主要功能示意如图2.2所示。

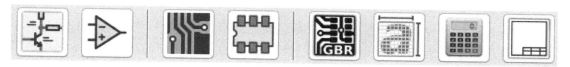

图2.2　KiCad的主要功能示意

6. 在线PCB设计工具

- PCBWeb：支持多页原理图以及多层布线；集成了Digi-Key的器件信息以及BOM管理功能。

- Scheme-it，免费在线原理图绘制工具。

- 同Arrow合作的基于云服务的OrCad版本，但网速多数情况下会比较慢。

2.3　掌握一些设计资源会助你事半功倍

选定了CAD工具，为了更高效地完成设计工作，还有一些与该CAD工具相关的资源可以利用，如下所示：

（1）CAD工具的使用教程。

对于初学者快速入门使用该工具非常重要，即使常规的纸质教程撰写得比较完整、严谨，而越来越多的初学者却喜欢观看视频教程，在短时间内迅速上手。

（2）库资源。

电路的基本构成单元就是元器件，这些元器件在PCB上的体现是原理图的符号和PCB的封装，而随着元器件的集成度越来越高，自己动手从头阅读元器件数据手册来构建原理图的符号和PCB的封装会比较费时、费力，且容易出错，如果能够找到已经经过项目验证的库资源，将会大大简化自己的设计过程，并且经过验证的库资源使用起来比较可靠。

（3）3D模型库资源。

CAD设计工具一般都支持PCB的3D视图，让设计者在投板前，在计算机上通过3D的方式感受到实物板子的样子，并能够发现二维平面视图中看不到的问题，例如相邻元器件之间的空间冲突等，因此元器件的3D模型库是非常有帮助的。

（4）仿真工具。

如果在正式投板前对自己的设计进行仿真验证，能大大降低你设计的PCB出错的风险，尤其是模拟电路部分。器件的一些参数会影响到PCB上封装的选用以及器件之间的连接关系。如果是新的电路设计，不经过仿真，遇到风险的概率是会比较大的。

在本书的第14章，列举了与PCB设计相关的资源参考。

2.4 安装一款工具,体验一下流程

在正式的 PCB 设计介绍之前,我们先通过快速的操作来体验一下 PCB 设计工具的主要功能及其流程,这样可以对后面详细分解的各项功能有更深刻的理解。在本书中都以 KiCad 为例,因为这是一款开源、免费且功能强大、资源丰富的 PCB 设计工具,非常适合初学者,乃至企业用户使用。

2.4.1 KiCad 的下载和安装

到 KiCad 的官网上,根据你目前使用的操作系统选择合适的版本,下载并安装到你的计算机上,并确保官方的元器件库也安装、配置好。

2.4.2 KiCad 的主要功能

运行 KiCad,你可以看到它有如图 2.2 所示的 8 个功能按钮,功能依次为:

(1) 原理图绘制。

(2) 原理图符号编辑。

(3) PCB 布局布线。

(4) PCB 封装编辑。

(5) Gerber 文件查看。

(6) Bitmap 图像文件到 PCB 封装的转换。

(7) PCB 计算器。

(8) 页面布局编辑器。

其中功能(1)的原理图绘制和功能(3)的 PCB 布局布线是 KiCad 最常用的功能,其次是为二者服务、配合的功能(2)——原理图符号编辑器以及功能(4)——PCB 封装编辑,这些都是常用的功能。

单击相应的按钮就可以执行这些功能,建议每个按钮都打开体验一下,先熟悉一下每项功能下的主要界面和操作内容。

2.4.3 KiCad 的设计流程

图 2.3 是来自 KiCad 官网的一个完整的 PCB 设计流程图,它不仅适用于 KiCad,其他的 CAD 设计工具的设计流程也基本相同,如果你使用其他的设计工具,也可以根据这个图来理解。

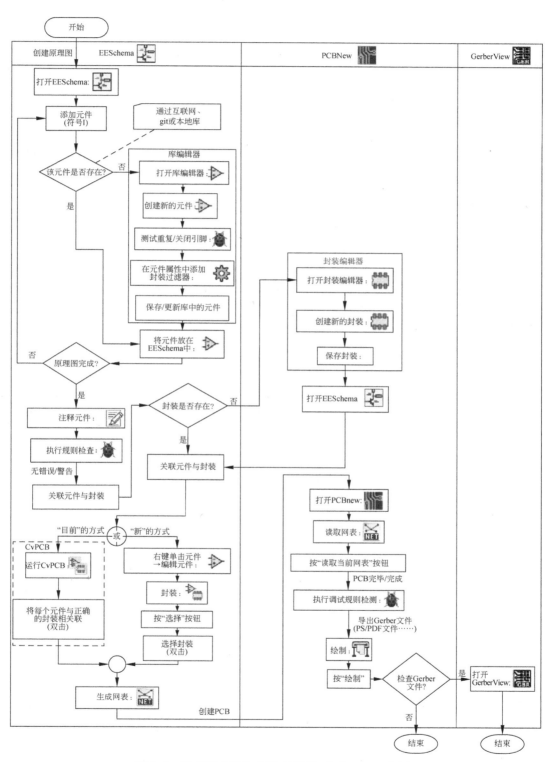

图 2.3　用 KiCad 设计 PCB 的流程（来自 KiCad 官网）

2.5　总结

本章简述了用于设计 PCB 的 CAD 工具软件以及相应的功能,并介绍了几种行业里比较流行的设计工具,每种工具都有其存在的合理性,不同的企业可以根据自身的实际情况选用最合适的工具。作为使用这些工具的工程师,首先掌握的是 PCB 的设计技能和流程,而不是这些工具的操作界面,在使用工具的过程中应该做到触类旁通,熟练使用一种工具的情况下,可以随时能切换使用其他的 CAD 工具。

第 3 章

设计的核心——电路构成及器件选用

　　PCB 的设计不单是运用 CAD 工具熟练地设计出满足性能的电路板,其终极的目标是要通过这个设计的过程实现项目要求的"电路功能"以及"系统性能"。因此硬件工程师不仅要掌握 PCB 设计工具的使用,而且要了解整个 PCB 设计、加工、装配流程,更重要的是要"设计"电路,这也是"工程师"区别于"工人"的地方。

3.1　抓住系统构成的核心要点

　　一个好的电路设计,需要具备两个基础。

　　(1)电路理论:电路原理、模拟电路、数字电路。

　　这些都是我们在大学本科期间学习过的基础课程,在这些课程中我们了解到欧姆定律、电路理论、各种模拟元器件的功能及应用,数字逻辑以及各种数字功能的实现。但仅有这些理论还是不够的,短暂的本科教育只能讲述最基础的知识,无法从一个电子产品的系统层面把每个部分进行详细的分解,并将各个部分之间的关系梳理清楚。没有一个宏观的系统轮廓,就无法设计一个很简单的电子系统。

　　(2)电磁场理论。

　　电子元器件都是在供电的情况下动态工作的,变化的电流会产生电磁场,这种电、磁的相互作用会导致工程师们基于电路理论设计很多理想化的电路。在实际的电路板上,由于处于工作状态的元器件、电路走线之间的相互影响,理论设计会偏离实际电路设计的目标。

　　用电磁场理论去分析各种可能的现象,就能够让你的设计尽可能接近你的设计需求,并在设计中对于可能产生的现象进行准备,例如对电源引脚加去耦电容,对高速的数字信号走线进行阻抗匹配等。

电磁场对电路的影响会在后面布局、布线以及信号完整性部分进行详细介绍。本章我们先看一下电路部分,即从一个典型的电子产品系统构成来看一下我们做 PCB 设计的时候首先考虑到的一些要素。

半导体、电子元器件发展到今天已经有几百个种类、上亿种不同的型号,如果不能够系统地了解一个电子产品的构成,就很难在新的产品设计中根据系统的要求选用合适的型号。

我们先对一个典型的电子产品做功能的分解,看看它的基本构成以及每个功能模块的电路要素,如图 3.1 所示。

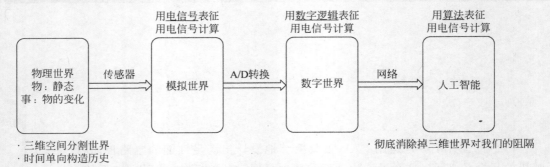

图 3.1　所有电子产品都是用电信号对物理世界进行表征和计算的过程

我们先上升到一定的高度来看:所有的电子产品都是用电信号对我们身处的物理世界进行表征和计算的过程即先通过各种传感器将物理世界的"物"和"事"(变化的物)转变为电信号,即表征的过程;模拟信号链路以及后续的数字信号处理、大数据、云计算、人工智能等都是对获取的电信号进行计算,提取出有用的信息,以达到对物理世界的认知;通信传输、存储回看(电影、电视)等都是消除掉 4 维的时空对人认知的限制而已。

3.2　基本电路理论和公式

我们都知道,电信号里最基本的关系是欧姆定律 U(电压)$=I$(电流)$\times R$(阻抗)。它也是电路理论中最基础、最核心的定律,取决于构成电路回路的器件不同,电阻、电感、电容导致的阻抗也不一样,尤其是具有储能功能的元件电感和电容,它们的阻抗与电信号的频率也有关系。

对于信号的处理,除了从比较直观的时域(信号按照时间变化)处理以外,从频域对信号进行处理则给我们提供了另一个新的维度。随着半导体技术的发展以及数字信号处理(DSP)领域的不断创新,我们越来越多地通过对模拟信号数字化处理后在数字域进行更多形式的变换,从更多的维度对信号进行处理和解析。

3.3　系统构成及各部分的工作原理

我们以图 3.2 为例,看一个典型的电子产品的主要构成部分。

可以看出,一个典型的电子产品大致可以分解为图 3.2 中所示的几部分,很像我们

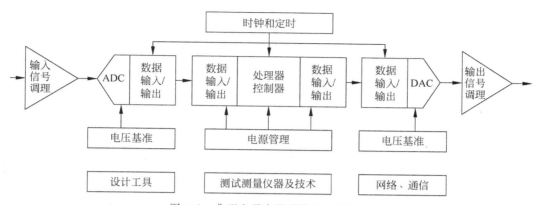

图 3.2 典型电子产品系统的功能构成

的器官：

- 主处理器和存储器(大脑/记忆单元)。
- 电源(胃)，为整个产品的各个组件提供能源。
- 时钟(心脏)，为整个系统提供统一的节拍，驱动和协调系统的运行。
- 输入信号调理和数字信号处理(神经系统)。
- 传感器(各种感觉器官)。

我们要做的就是将每个部分有机地组织在一起，形成一个可以协调工作、能进行多任务处理的系统，下面我们来看看每个部分的功能及关键的技术指标。

3.3.1 电源

第一个列出来电源，是因为电源非常重要，所有的电子产品都需要电，因此电源供电及电源管理是每个电子产品都要有的重要组成部分，电源之于电子产品就如同我们人体的"胃"，为整个机体提供所需要的能量。电子产品中的供电及管理如图 3.3 所示。

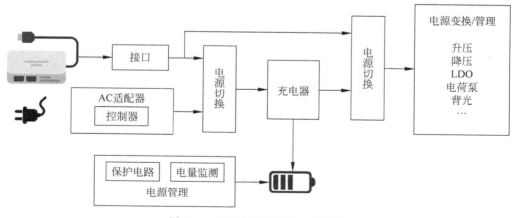

图 3.3 电子产品中的供电及管理

电源电路的输入一般是来自 220V/50Hz 的交流供电(美标为 110V/60Hz)或事先存储在电池上的能源，可源源不断提供给产品上的每一个电路模块。每个电路功能模块对电压、电流、纹波的要求是不同的,我们需要根据每个模块的要求来设计电源的拓扑结构,以满足每个模块要达到的性能,并以最小的能量消耗(整体转换效率最高)实现最低的系统成本。

随着计算机 USB 端口的广泛应用、USB 供电适配器的普及,越来越多的小功率电子产品、经常与计算机相连接的开发系统等都直接使用 5V 的直流适配器给产品提供电源。在这些产品内部,由多组 DC-DC 变换电路以及电源管理系统将输入的 5V 直流电压转换成多个不同元器件需要的供电电压,例如数字器件的 3.3V 电压、处理器或 FPGA 内核常用的 1.2V 电压(具体的电压与工艺有关)、模拟电路需要的 ±5V 电压、低噪声直流电压等。

要获得稳定的直流供电电压,可以采用两种不同的稳压方式,它们工作模式的区别主要是用于调整的晶体管(三极管或 MOS 管)的工作状态:

(1)线性稳压

调整管工作于线性状态

在负载或者输入端的电压发生变化的时候,靠改变调整管两端的压降来保证输出端得到稳定的直流电压,这种方式的好处是输出端的直流电压纹波比较小,调整管本身对输入电压上的波动有高达 60dB 的抑制,适合对噪声敏感的模拟电路进行供电。

这种工作方式带来的缺点就是输入电压和输出电压之间的压差有个最小值,因此只能做降压用。由于调整管工作于线性状态,在其上面消耗的功率为压降 x 流过的电流,这些消耗会以热量的方式损耗掉,在压差较大且流过的电流也比较大的情景下,在调整管上以热的形式消耗掉的功率就会大大影响系统的转换效率,以及产生热量导致周边器件、走线的老化,产品的长期稳定性会降低。

(2)开关稳压

调整管工作于开关状态(PWM 或 PFM 控制其开/关状态)

它通过在输出端的电感作为储能元件,电容做纹波的平滑。在这种稳压方式中,调整管处于开关状态,其上耗散的功率很低,因此在输入电压变换范围较大的场合下,开关稳压的效率会相对线性稳压方式较高,而且支持降压、升压、反压变换等各种应用场景。其缺点就是:输出电压上的高频纹波较大,比较难滤除,一般被用于对电源纹波不太敏感的数字电路的供电中。

电源电路的几个核心参数如下:

- 输入电压及其范围。
- 输出电压。
- 负载电流。
- 输出电压上的纹波要求。
- 转换效率。

3.3.2 传感器部分——将被测的物理量转变为电信号,对物理世界用电信号来表征

传感器相当于我们的感知器官,每一种新的传感器的出现都会让我们对物理世界有一个新维度的认知,例如 GPS、照相机、姿态传感器等,这些电子产品给我们的生活带来巨大的变化。物联网系统中用到的传感器如图 3.4 所示。

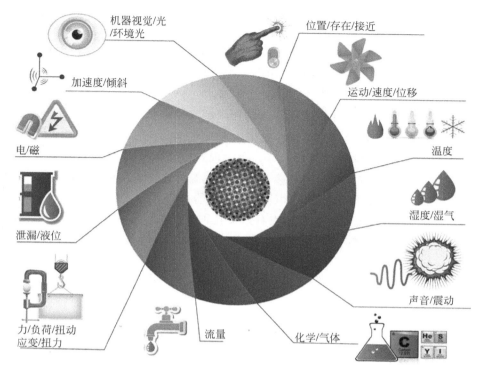

图 3.4　物联网系统中用到的传感器

　　传感器的输入是物理世界的物理量(光线、位置、温湿度等),其输出为这些物理量信息的表征电信号。有的传感器直接输出模拟的电信号,集成度比较高的传感器则以数字接口(单线协议、I^2C 总线、SPI 等)同处理器进行连接。随着工艺的提高,越来越多的预处理(计算)能力都集成在传感器芯片内了,可以大大降低 MCU(大脑)的负荷,也方便了工程师的开发工作。

　　传感器的核心参数为:

- 灵敏度。
- 接口方式。

3.3.3　模拟信号调理

　　我们知道,任何一个模拟信号都可以看成多个不同频率信号的叠加,而每个单频信号都可以用下式来表示:

$$Y(t) = a\sin(\omega t + \varphi) = a\sin(2\pi f t + \varphi)$$

它主要有两个参量:幅度 a 和频率 f,因此对模拟信号的调理也就是对这两个参量的调整。

1. 对信号幅度进行放大或衰减

　　模拟信号链路主要是对输入的模拟信号进行“计算”处理,由于表征任意信号的参数主要有两个:信号的幅度以及信号的频率,因此对于信号的“计算”处理就是围绕着这两个参数进行的。首先是对幅度的调节——放大或缩小,所用的器件就是放大器或衰减器(其放大或缩小的量通常以分贝（dB）来表示），如图 3.5 所示。因为输入信号的幅度范围可大可小，也就是说，其动态范围的大小、设计的电路，要满足输入信号在要求的变化范围内能够达到预期的效果，这要对模拟电路的类型进行合理的选用，对增益等参数进行合理的设定。

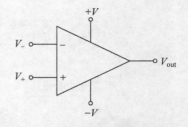

2. 使用滤波器对特定频率范围的信号进行限制或过滤

按照被处理信号的频带要求，滤波器可以分为低通、带通、高通、带阻等几种主要类型，有多种方式实现对信号

图 3.5　模拟信号调理-对模拟信号幅度进行调节：放大/衰减

的频率处理，例如由电阻 R、电容 C、电感 L 构成的无源滤波网络；由运算放大器、电阻 R、电容 C 构成的有源滤波器；陶瓷滤波器、声表面波滤波器；等等。

在电路中最常用的是无源滤波器，也有如下几种不同的实现方式，如贝塞尔滤波器、巴特沃斯滤波器、切比雪夫滤波器、椭圆滤波器等。低通滤波器示意图如图 3.6 所示。

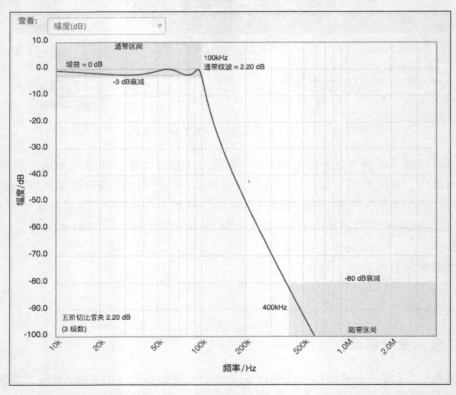

图 3.6　模拟信号调理-频域：滤波器（以低通滤波器示例，来源于 ADI 官网）

滤波器的几个核心参数如下：

* 过渡带衰减。
* 抑制度。
* 带内波动。
* 相位特性等。

任何电路都不可能只处理其中一个参数而对另一个参数没有影响，因此无论是放大器

还是滤波器,都会对这两个参数造成影响,只不过主次不同而已。在实际的电路设计中,要综合考虑这两者的要求。

设计中可以基于器件的 SPICE 模型进行模拟电路的仿真,以确定你选用的器件构成的电路拓扑是否满足对输入的模拟信号在幅度和频率方面的处理要求。

3.3.4　数据转换 ADC 和 DAC

模拟链路处理完的信号还是模拟量,要对这些信号进行数字处理(有很多好处),就必须先对这些信号进行量化,也就是模拟/数字转换(ADC)。反过来,如果要将数字信号转换到模拟信号,就需要数字/模拟转换(DAC)。因此 ADC 和 DAC 是连接模拟电信号世界和数字电信号世界之间的桥梁,如图 3.7 所示。

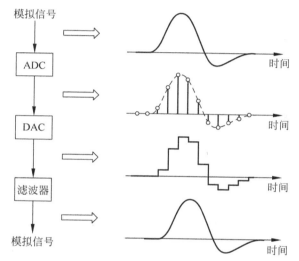

图 3.7　数据转换-ADC/DAC:连接模拟信号和数字信号的桥梁

ADC 和 DAC 最重要的几个参数:

- 分辨率,即转换的精度,以 bit 为单位。分辨率越高,对模拟信号的数字表征也就越精准,当然成本越高,后期的数字化处理需要的资源也就跟着上升。分辨率的选取需要根据待处理信号的性质,以及信号本身的信噪比等因素进行选择。
- 转换率,单位为 sps(每秒处理的样点数)。转化率越高,在时域上精度也越高,当然成本也就越高。转化率的选取要看被转换的信号的时域变化情况。
- SFDR:无杂波动态范围。
- 接口方式包括并行、串行(SPI、I^2C、LVDS)。

供电电压、功耗、封装、成本等指标对于 ADC、DAC 的选用也非常重要。

3.3.5　数字信号/逻辑处理

量化的数字信号需要在数字域被进一步处理,最合适的器件就是可编程逻辑器件(PLD),其中 FPGA 是目前 PLD 中的首选器件,全球 FPGA 器件的供应商主要有 Xilinx、Intel(Altera 被收购)、Lattice、Microchip(收购了 Microsemi,Actel 被 Microsemi 收购)四家,每家的定位不同,在不同产品线上可以选用不同厂家的不同产品系列。

选用 FPGA 最关心的就是其内部的资源是否够用、合适,例如:

- 逻辑资源。
- 存储资源。
- 运行速度。
- 可编程输入/输出端口(I/O 接口)的数量及支持的协议。
- 是否有定制化的功能模块(PLL、硬核处理器、DDR 接口、SPI 总线、I^2C 总线)。

除了资源以外,支持的 IP Core、编译系统是否好用,封装是否合适,供电是否方便等都是选型中要考虑的因素。FPGA 内部的典型结构如图 3.8 所示。

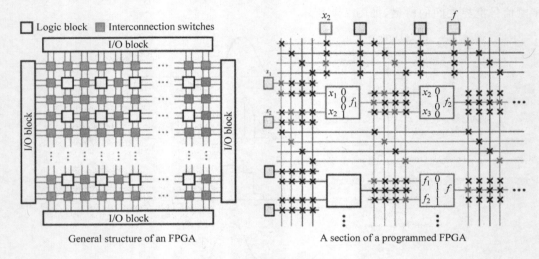

General structure of an FPGA   A section of a programmed FPGA

图 3.8　FPGA 内部的典型结构

3.3.6　微控制器/微处理器——智能硬件和物联网产品的核心

微控制器/微处理器相当于电子产品的大脑,它通过可编程的软件负责各项任务的协调、输入/输出、控制等功能。微处理器的发展史上有不少经典的架构,例如 8 位的 8051、PIC、AVR 等,32 位的 MIPS、PowerPC、ARM 等。目前 ARM Cortex 已经成了嵌入式系统中的主流架构,除了微处理器/微控制器之外,芯片内同时集成了各种存储器管理,并内置存储器、外设管理等各种常用的外设接口,成为了片上系统(System on Chip,SoC)。这几年开源的 RISC-V 引起广泛关注,尤其是在我国加速国产化集成电路的进程中,RISC-V 在人工智能/物联网方面的影响程度越来越大,会陆续有更多的基于 RISC-V 指令集的通用和专用微控制器上市。

微控制器/微处理器的主要提供商有 ST、NXP、Microchip、TI、ADI、Silicon Labs、瑞萨、英飞凌等,这些器件厂商都曾拥有自己独特的架构,但目前全都以 Arm 架构为主,并结合自己的优势进行差异化设计,定位不同的市场应用。架构的统一给我们的选型带来了便捷,同时开发也变得更加简单,但每个产品还是有不同的优缺点,需要我们在选型的时候注意比较。

微处理器/微控制器选型的几个关键参数:

- 架构。
- 运行速度。
- 存储资源。
- 接口。
- 开发环境。

典型微控制器的系统构成如图 3.9 所示。

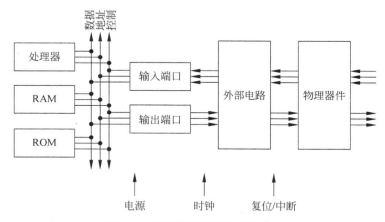

图 3.9 典型微控制器的系统构成

微控制器/微处理器的软硬件配合如图 3.10 所示。

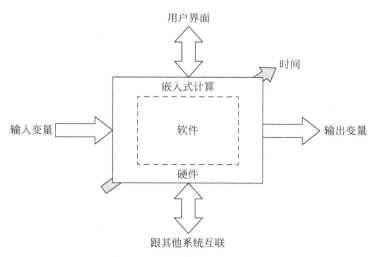

图 3.10 微控制器/微处理器的软硬件配合

3.3.7 网络通信——物与物之间的连接

通信的作用是实现不同个体之间基于约定的协议进行的信息传输,从大的类别上可以分为有线通信和无线通信,例如 UART、USB、以太网、CAN、SPI、I^{2}C 总线等都属于有线通信,Wi-Fi、蓝牙、ZigBee、3G、NB-IoT、NFC 等都属于无线通信。每种通信方式都有优势、局限性以及其特定的协议,因此我们在产品的设计时需要根据功能、性能的需求来选定合适的通信模式。各种无线通信网络的对比如图 3.11 所示。

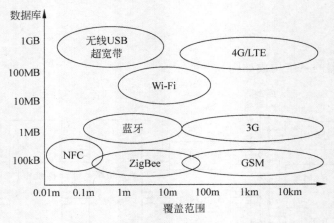

图 3.11　各种无线通信网络的对比

网络通信部分的核心参数如下:

- 通信方式。
- 速率。
- 接口。
- 协议。

上面简单介绍了一个典型电子产品中包含的主要部分,了解了每一部分的功能和应用场景,就可以在实际的项目中选用合适的器件。在每个功能部分,都有很多的器件供选用,选用的主要依据是什么呢? 元器件的选型原则在后面的章节还会详细讲述,在这里我们只是强调一下对每一个类别产品需要关注的重要参数,如表 3.1 所示。

表 3.1　产品重要参数

电 路 模 块	关 键 参 数
电源管理	电压、负载能力、纹波、效率
传感器	灵敏度、接口方式
模拟链路	幅度、频带
数据转换	转换率、分辨率、SFDR、接口方式
数字逻辑	逻辑资源、存储资源、I/O、速度
处理器/控制器	速度、接口、内部资源、开发环境
接口与通信	通信方式、速率、接口、协议

3.4　元器件的选用原则

硬件工程师设计产品最重要的一个环节就是选择适合自己项目的元器件,面对这么多的供应商的相似型号,选择的原则是什么呢? 总结如下:

- 首先要满足项目需要。满足项目需要的某一项功能可能需要单颗的元器件,也可能是通过多个器件的组合来实现,要综合考虑系统成本、供电、板卡面积的需求、供货情况等。
- 一定要满足性能要求。考虑系统的灵敏度、动态范围、对噪声的要求是否能保证。
- 元器件的封装是否合适。很多器件同一个型号有多种不同的封装,在选型的时候要根据系统的成本、板卡的物理尺寸、功耗、接口、加工可行性等因素进行综合考虑。
- 容易使用。器件的成熟度、焊接调试的难度、技术支持、资料、配套的环境等都是需要考虑的,尽可能降低项目开发的风险,缩短产品的上市时间。
- 前期项目和团队的其他产品用到的器件。这样可以降低设计的风险、采购的成本以及元器件库存管理的成本。
- 从众:用的人越多,风险相对越小。多数人验证过的元器件一定是 Bug 最少或者已经被彻底解决问题的;能够找到的资料也多;供货也充分;当然价格也会比较低,例如主流机顶盒/路由器厂商用的 DRAM、运放、电源变换芯片等。
- 性价比高。不要最好,只要合适的,因为你做的产品一定要有市场竞争力。充分考虑项目中需要的功能要求、性能要求,在满足这些要求的前提下选用"刚刚好"的器件。例如 FPGA 器件,你可以用很高速、海量资源的器件,但可能 80% 的资源都用不到,导致系统的成本增加。要记住,我们要考虑的不只是一个器件的采购成本,更重要的是系统在批量生产的时候的整体成本,同时包括配套的外围器件的成本、加工成本、开发工具的成本等。
- 供货渠道有保障。再好的设计,如果器件买不到或者供货出现了延误,你的项目也就耽误了,前功尽弃。因此在选择器件的时候一定要调查清楚,并在完成原理图设计的同时开始元器件的订购。
- 注意原厂的停产通知。技术的发展是建立在产品的不断更新换代上的,因此很多器件都会被新出的功能和性能更强大、集成度更高、价格更便宜的型号替代,要密切注意器件厂商在网上公布的器件停产的通知,不要选用那些厂商出了更优的替代型号且已经发了停产通知的器件。
- 能找到可替代型号。任何时候都不要一棵树上吊死,一定要有备用方案,尽量选择能够找到 3F(Formfact Function,引脚和功能)都相同的替代型号的器件,这些信息如何获取?可以上 bom2buy 网站,搜索你用的器件,可以找到系统推荐的替代型号。

以上是通用的规则,针对不同功能的器件,例如 MCU、FPGA、ADC/DAC、电源管理等还有其他具体的选用原则。

3.5 元器件选用渠道

3.5.1 通过网站平台,根据型号或关键词进行搜索

元器件选用渠道如下:

(1) 行业搜索网站。

- 集成电路查询网。
- Octopart 网站。

(2) 通用搜索引擎。

- Microsoft Bing 网站,最好用国际版,输入型号或英文关键词进行搜索。
- 谷歌搜索。

(3) 分销商网站。

- 根据型号进行"搜索"。
- 根据器件类别进行"检索",然后根据参数进行过滤。
- 每个分销商的货品是不同的,价格也不相同。
- 现货价格、库存、参数、数据手册。
- 主要分销商及其网站:
  ◆ 得捷电子;
  ◆ 贸泽电子;
  ◆ e 络盟;
  ◆ 欧时电子;
  ◆ 艾瑞电子;
  ◆ 安富利。

(4) 一站式比价网站 bom2buy。

- 美国 SupplyFrame 旗下的 FindChips 网站是全球电子行业最大的元器件搜索、比价网站,跟全球顶尖的元器件现货分销商如 Digi-Key、Mouser、Avnet 等都有数据端口的对接,可以实时获取这些分销厂商的价格和库存信息。bom2buy 就是基于 FindChips 的数据,专门针对中国地区的制造商、EMS 厂商等进行批量货源、价格、库存的查询以及一站式在线购买的服务。
- 它汇聚了全球主要现货分销商的实时库存和价格信息,并不断加入中国本土原厂、授权分销商的数据。
- 用户注册、登录后可以批量上传欲采购的器件列表(bom 文件或 list 文件),该平台能够给出最佳的购买组合推荐,推荐算法中考虑到每个不同分销商在不同数量时的价格、最小起订量要求以及运费等因素。

(5) 原厂的官方网站。

- 任何一个半导体原厂如 TI、ADI 等公司都会在其官方网站上提供其产品的详细信息,这些网站基本上都是按照"产品"和"应用"两个维度进行展示,它们多数都有中文的页面,并对其内容做了大量的本地化处理。很多元器件的数据手册也进行了中文翻译,在浏览这些网站的时候尽可能从其中文界面的网址入手。
- 查询方式
  ◆ 可以按照原厂的"产品分类"逐级检索。
  ◆ 可以按照原厂的"应用分类"逐级检索。
  ◆ 可以按照器件的型号或关键词进行搜索,每个网站也都提供搜索功能,如果你知道需要查找的器件的型号或者关键词,可以通过搜索的功能直接找到自己需要的信息。

◆ 好处如下:

■ 丰富详尽的技术资料、使用指南。

■ 常有型号可以申请免费的样片。

■ 信息最准确、权威,很多器件都有不同的版本,在其官网上都会有说明。

■ 越来越多的厂商在其器件信息里面放上了 CAD 设计库文件,这些 CAD 的库文件都是原厂经过验证的,可以放心使用。

3.5.2 专业媒体的新产品介绍

(1)原厂新推出来的产品,花钱做广告推广的产品大概率是公司重点研发的、有市场竞争力的产品。

(2)配套的板卡、市场活动、论坛。

热门、主流的微处理器、微控制器一般都会配有方便用户进行体验和开发的评估板、开发套装等,这些都会通过专业媒体的渠道进行发布和派送。工程师朋友可以多关注行业里有权威性的专业媒体,例如与非网、电路城、电子森林等,能够第一时间获取这些新产品的信息,并通过参与这些媒体组织的活动优先获得一些板卡的使用机会,同时还可以结交行业里的同行工程师朋友。

(3)主要来源。

• 专业媒体的新闻报道。

• 开发板及电子产品评测。

• 工程师设计分享网站。

• 在线技术培训网站。

3.5.3 其他渠道

(1)本公司或实验室前期项目团队选用的器件风险小、偏于保守,并有备货或稳定的供货渠道。

(2)其他成熟产品(尤其是市场上热销的类似产品)的参考、借鉴。

(3)原厂或分销商的市场经理或 FAE 推荐使用的器件。这都是通过一些技术交流活动获取相应的产品信息,他们也会经常线下拜访有潜力的项目团队,给他们推荐适合项目的产品和方案,当然使用一些新产品替代已熟练使用的产品有一定的风险。

(4)技术论坛交流、QQ 群、微信群。

总有一些技术高手分享他们的设计,越多的信息对于自己制定方案越是有参考价值。

(5)最后建议大家多看专业媒体上的广告。

以前纸媒的时代,我最喜欢翻看的就是产品广告页面,从中能够快速获取很多信息,当年很多项目中的重要核心器件选用都是通过广告获取的信息。一般广告上的产品都是全球行业里的领导厂商在一段时期重点推广的产品,一定是厂商认为在性价比上有市场竞争力的产品,选用这样的产品也会得到厂商的资源支持和保障。

3.6 总结

在 PCB 设计中元器件的选用非常重要,因为后面的设计工作都是围绕着选择好的元器件进行的,这些器件也直接决定了产品的性能、成本、开发难度等,因此一定要尽可能掌握更多的信息源,做尽可能充分的对比分析,力争项目中用到的元器件在当下时刻是最佳的,且尽可能符合产品的长期需求。

3.7 实战项目:"低成本 DDS 任意信号发生器"的制作

为让读者更深刻理解本书中讲解到的 PCB 设计要点,配合本书特别设计了一个实战项目,在后面的章节中会根据每个章节的主要知识点、技能点来分析在具体的项目中是如何执行的,尽可能做到理论结合实际。如果读者能够在学习的过程中也 DIY(Do it yourself,自己动手做)一下,相信对于理论的学习会有很大的帮助。下面来介绍一下本项目的主要信息。

项目需求——制作一个低成本 DDS 任意信号发生器:

- 采用 FPGA+DAC 的方式构建。
- 输出最高 10MHz 的任意波形,频率可调精度为 1Hz。
- 输出信号幅度 V_{PP} 为 100mV～8V(10MHz 时)时可调,输出信号的直流偏移为 -4～$+4$V 可调。
- 波形参数的设置可以通过 UART,由上位机 PC 来控制。
- 通过 PC 的 USB 端口供电。
- 通过板上的 JTAG 接口对 FPGA 进行编程。
- 整个系统成本控制在 100 元以内。低成本 DDS 任意信号发生器功能框图如图 3.12 所示。

图 3.12　低成本 DDS 任意信号发生器功能框图

本项目采用 KiCad 完成电路的绘制和 PCB 的布局、布线,在后续的章节中会结合这个项目对每个节点进行详细讲述。

第 **4** 章

电子产品设计流程

　　产品的设计本质上是一个将概念变成实际的、能够工作的系统的过程，最终的目标是设计成一个安装了元器件并可以按照设计需求工作的 PCB。一个产品从方案制订到最终做成可以展示或验证其功能和性能的样机需要很多步骤。本章梳理了仅与 PCB 设计相关的几个关键步骤，让读者先从总体上了解每个环节要做的事情，以及各个节点可能需要的时间。电子产品设计流程如图 4.1 所示。

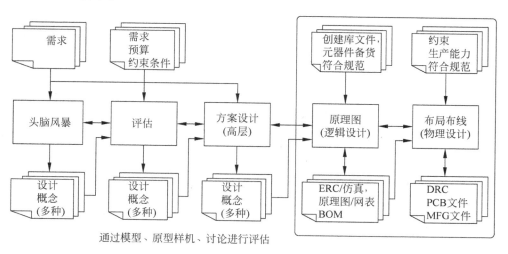

图 4.1　电子产品的设计流程

4.1　从创意到方案设计

　　从图 4.1 的流程图可以看出，做一个"硬件设计工程师"需要掌握的技能点还是很多的，不仅要掌握每个环节的设计技能，而且要有与此节点相关的专业知识,除了硬件之外,还可能需要相应的资料检索、逻辑编程、系统仿真、软件编程、工业设计、商业分析等。

4.1.1 头脑风暴

拿到一个项目,先要进行头脑风暴,也就是把各种可能的方案、想法都天马行空地整理出来,项目组的相关人员一起参与讨论。这个时候,严谨的工程师们要尽可能解放自己的思想,当然你拥有的知识面以及通过各种方式迅速搜寻资料的能力也是非常重要的,我们平时就要多阅读国外专业网站的资料;多阅读专业媒体上的新产品、新方案的文章;多参加行业的研讨会。通过这些专业的活动了解行业最新的技术发展,尽可能掌握行业的总体状况,这些日常的积累对于头脑风暴都是非常有帮助的。可以说这个阶段的目标为:越多的创意和方案越好,最好多人参与讨论;集思广益,根据需求,但不要受约束或正式需求的限制。头脑风暴过程中的几个要素如图 4.2 所示。

框图/草稿	元器件	连接方式	供电和性能
	·无源器件:0805、0603等	·机械连接	·功率要求
	·IC封装:QFN、TQFP、BGA等	·总线连接	·电池性能
	·库	·PC连接	·高速/高灵敏度

图 4.2 头脑风暴过程中的几个要素

在这个阶段,可以使用框图、草稿的方式来简洁、明了地表达各种方案的大致思路,不需要花费太多的时间在文章格式上。

无论任何方案,电子产品系统都是需要电子元器件来构成的,因此我们需要对所有的元器件的特性、参数、封装、价格等有大致的了解。权威的目录分销商网站(Digi-Key、Mouser、Arrow 等都是国际著名的元器件分销商)可以提供非常好的参考,浏览这些网站可以获得很多信息,给自己的头脑风暴提供依据。

电子系统之间的连接方式有多种,我们需要将各种可能的连接方式都考虑到,并对每种连接方式的优势、局限性有比较好的分析,列出各种可能性,在后期可以基于实际的因素进行取舍。

在电子产品系统的设计中,系统的供电以及相应的性能要求越来越重要,因此在头脑风暴的阶段要将系统的供电方式以及每种方式的优缺点做一下对比分析。

4.1.2 方案评估

从众多的方案、创意(我们常说的 idea)中根据设计的一些关键需要以及原则确定最佳的方案。

目标:选出最佳的方案。

- 用"需求"和"限制"进行评估。
  - ◆ 满足项目的需求。

◆ 功能。是否能实现项目要求的所有功能。

◆ 性能。是否能够达到每项功能所要求的性能指标,要注意性能和功能是有所不同的。

◆ 可用性。在满足了系统的功能和性能指标的前提下,还要考虑该方案是否符合用户的使用习惯,能被用户所接受。很多时候,科技含量很高的产品,功能很全、性能指标做得很高,但用户体验不佳,或者无法满足用户的痛点。不被用户和客户接受的产品无法成为真正的产品。

◆ 可靠性。任何项目或产品都是要在市场上被用户长期使用的,因此一定要能长期稳定、可靠。如果可靠性差,造成大量的用户退货,维护成本很高,这也不是一个好的方案。

◆ 可维护性。很多产品,尤其是可编程的产品,都需要后期的维护和升级,在方案的设计中也要考虑可维护性及便捷性。

◆ 预算。产出比、性价比是任何商业行为都要考虑的,产品的研发更是如此。不仅要求最终的产品价廉物美,研发过程中的投入也要满足预算的需求。这些预算包括:技术研发人员的人力成本、物料采购成本、测试认证成本、业务沟通成本、市场营销成本等。这些因素在方案评估的时候都要考虑在内。

• 同时考虑以下几点:

◆ 上市时间。根据这个时间节点倒推 PCB 设计每个环节的时间点,以及需要的资源。

◆ 性价比。开发成本和产品的单价。

◆ 熟悉程度。如果你对一个器件或工具不太熟悉,不仅整个流程花费时间要久,而且风险也会更高。

◆ 备用方案。未来的不确定性是永远存在的,要做最坏的打算,无论是核心器件的选用还是配套的测试工具都要有备用的方案。

在方案评估阶段,要尽可能利用现有的条件和手段对各种方案进行充分的仿真、验证,对不同方案的各项指标做充分的数据对比,如图 4.3 所示。在 PCB 设计之前,我们可以利用面包板、开发板、仿真工具等多种方式进行测试。例如,找关键器件的评估板、参考板进行专业评估;用面包板或其他原型板搭一些简单的电路,一方面可以验证自己方案的可行性,另一方面为后面的电路设计确定很多事情:究竟哪些器件是需要的?如何连接最合适?供电电路如何?

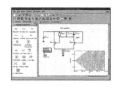

面包板　　　　　　　　开发板　　　　　　　　仿真

图 4.3　方案评估阶段可以利用的工具和方法

• 面包板:是比较常用的、简单的工具,不需要焊接,一般用于低速、穿孔器件的功能性验证。

- 开发板：一般为芯片原厂或其合作的独立设计公司（被称为 Independent Design House，IDH）提供的、用于评估其核心器件的板卡，并配有一系列的测试端口。
- 仿真工具：不需要实际的电路，可以在计算机上通过软件加载一系列与设计相关的参数给出工作效果的过程。仿真过程对于模拟电路的器件选型和电路设计，以及 FPGA、IC 设计等都非常重要。

4.1.3 方案设计及器件选型

方案设计的初期就是一个将"概念"转变成"框图"的过程，通过框图可以清晰地表达出信号的流程、每个功能模块的内部构成、各个功能模块之间的连接关系等，如图 4.4 所示。这也是供该项目的相关人员进行方案讨论的基本依据。

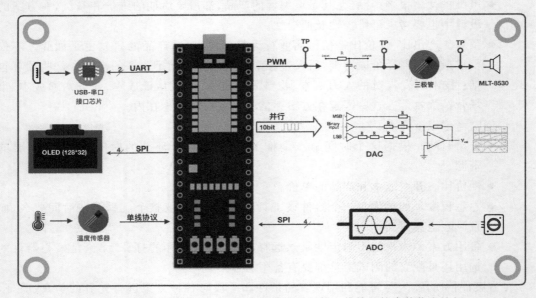

图 4.4 方案框图举例——基于小脚丫 FPGA 核心模块的综合技能训练板

在方案设计的后期，需要将"框图"中一个个抽象的功能模块细化成具体的"元器件"型号（乃至确切的元器件的"值"），因为最终的产品是需要这些元器件来实现的，即使这个阶段的元器件之间的连接还不像原理图那样准确、完备，但有了具体的器件型号，有了关键器件的连接关系，就可以确定系统能够实现的功能、相应的性能指标、参数（有的需要通过仿真工具），以及整个系统的成本、交货周期及产品的上市时间等相对明确的信息。

（1）方案设计方法 1：Top-down（自上而下）。
- 从高层次开始设计，逐级分解成多个独立但互相连接的子系统或模块。
- 明确定义各个子系统的功能、性能及重要参数。
- 明确定义各个子系统相互连接的接口方式、传递的参数等。

（2）方案设计方法 2：Bottom-up（自下而上）。
- 基于以前的成熟设计，从子系统（模块）开始进行逐级集成。
- 在模块之间添加并通过胶合逻辑（glue logic，一般是小规模的 FPGA）进行连接，最后构成一个完整的系统。

(3) 方案设计方法 3：组合。

- 适用于子系统风险较高的复杂设计，有的部分采用自上而下设计，有的部分可以采用自下而上的设计方法，是个复杂的组合过程。

(4) 在方案的设计过程中，如下一些常常遇到的重要因素需要根据实际的情况进行权衡考虑。

- 信号的处理是采用模拟还是数字。很多电子产品系统的信号处理部分可以采用模拟电路来实现，也可以采用数字方式来实现，例如在通信系统中，数字处理的优点在于灵活、可靠性高，是未来所有系统的方向。但这也要取决于你所在团队的技术积累以及项目的具体要求。

- 3.3V 还是 5V。尤其是一些模拟器件，你可以找到 3.3V 甚至更低电压供电的，也有 5V 供电的，至于采用哪种供电电压的器件，则取决于你的系统指标、成本要求、货源等因素，这个还涉及供电系统的设计。

- 是采用高集成度的单芯片还是多个器件组合完成同一个功能。随着器件集成度越来越高，以前靠多颗器件组合起来实现的功能，现在一颗芯片就能搞定。尤其是采用数字化方案，可能经过 ADC＋FPGA 就能解决过去十几颗器件才能实现的功能。至于采用何种方案，在使用新的器件之前需要做详细认真的评估，毕竟熟悉的方案相对风险较低。

在设计中的某一个因素（例如某个器件断货）发生变化可能会影响到整个系统的改变——PCB 的重新设计、FPGA 逻辑的重新设计，乃至于软件架构进行调整，一定要尽可能避免这种设计，将每个环节的不确定性带来的风险控制在尽可能小的范围内。

完成了必要的评估和测试，就可以开始详细的方案设计，你定下来的方案、创意都是用框图实现的，并进一步细化到多个子系统或功能模块。细化内容包括每个模块的功能、指标、接口方式等，还包括实现每个模块的关键的元器件以及相应的接口方式、供电方式、外围器件等。有了这些就可以进入下一步的逻辑设计，即用原理图将器件之间的详细电气连接准确、完整地表达出来。

确定了核心的元器件，并且已经对这些元器件的货源进行了确认，并对将来可能的风险评估后，就可以进入实际的设计环节。这也是我们硬件工程师一看到就兴奋的过程：建库、画原理图、布局、布线、Gerber 输出制板，除了具体的设计之外，还要和 PCB 加工厂一起搞定 PCB 的生产，拿到 PCB 以后进行焊接、调试。

4.2 辅助的设计/验证工具

除了工程师基于项目的需求自己设计的 PCB 之外，日常还会用到一些其他的板卡和附件，用于测试、评估、前期开发等，这些都是工程师在实验室中常备的物料，如图 4.5 所示。

由于设计、加工、调试 PCB 的周期比较长，成本也比较高，多数情况下在正式设计 PCB 之前，我们会用一些原型板（Prototype），如面包板、多孔板、铜箔板，对电路进行初步的验证，如图 4.6 所示。

注意：面包板比较常用，不需要焊接，仅使用杜邦线连接就可以使用，非常方便。但是

突破板(Breakout boards)

面包板+穿孔的元器件+突破板，SMD到穿孔转换板+连线   SMD器件到窗孔器件转换板

图 4.5　一些常用的测试设备和器件

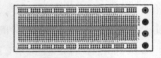

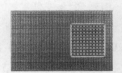

面包板(不需要焊接)　　　　　多孔板(不带焊盘/带焊盘)　　　　　铜箔板

图 4.6　一些常用的原型板

其高频性能比较差，只能对低频、低速的电路进行验证，而且面包板只适合穿孔封装的器件；多孔板和铜箔板都可以焊接使用，且高频特性会好一些。

　　为方便工程师的设计，器件生产原厂(例如 ST、TI 公司等)以及他们的"第三方"设计服务公司(一般称为 IDH)、民间的板卡开发公司等都会配套某些热门的器件提供一些功能强大、使用灵活的评估板(Eva Kit)、开发板(Dev Kit)以及功能模块(Module)。有效利用好这些板卡或模块可以迅速验证自己的方案设计，降低不必要的前期风险，大大加速项目的开发进度。一些常用的开发板如图 4.7 所示。

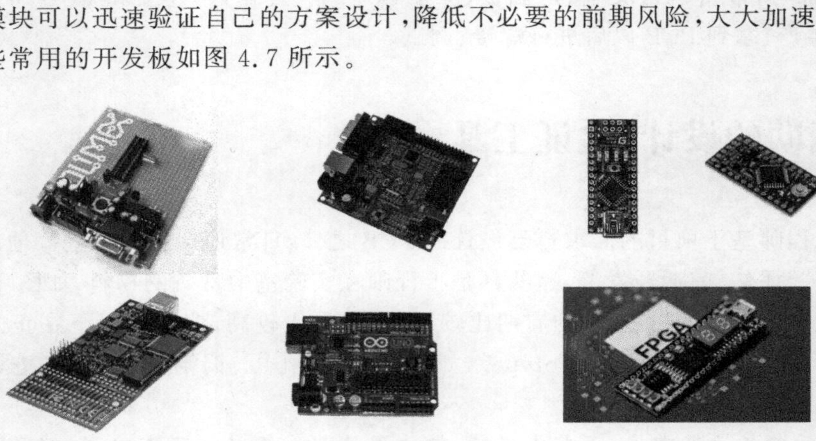

图 4.7　一些常用的开发板

4.3　PCB 的设计

4.3.1　逻辑设计——原理图

在 PCB 设计过程中,先是要将前期制定好的方案框图转化为详细的元器件之间的电气连接的设计,即原理图绘制(英文一般用 Capture 表示),这个过程会涉及很多层面的知识,例如数据手册(一般是英文的)的阅读、元器件原理图符号的构建、电路的设计仿真等,当然最重要的"电路设计"的能力是你要知道各个器件之间如何连接才能实现你所设定的功能,并达到你所期望的性能指标。原理图举例如图 4.8 所示。

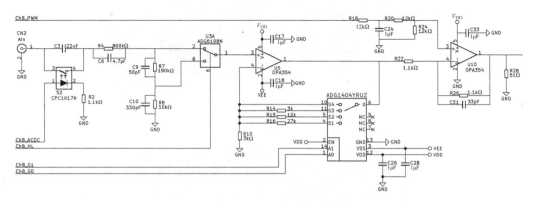

图 4.8　原理图举例(使用 KiCad 的 Eeschema 设计的简易示波器模拟前端电路)

原理图绘制主要包括下面 3 部分(后面的章节会详细介绍):

(1) 创建一个新的原理图页面,配置相应的操作环境。

(2) 添加器件,使用的基本元素为元器件库中表征该器件功能的原理图"符号"(Symbol)。

(3) 通过连线(Wire,在 PCB 布局布线的时候叫 Track 或 Trace)将器件的引脚连接起来,这些连线在原理图里面是直接的、理想化(无阻抗、无电流限制、相互之间无干扰)的连接。

4.3.2　物理实现——PCB 布局、布线

完成了电路的逻辑设计就可以在设定尺寸、层数的 PCB 板上进行元器件的布局(器件的摆放)和布线(引脚之间的电气连接)了,这个过程可以看到实际产品的样子,尤其是通过 3D 视图进行查看,如图 4.9 所示。

布局、布线不是天马行空、为所欲为的过程,一定要考虑到后期生产、加工的实际需求,即 DFM(可制造性设计)。它是在一系列的"约束"条件下进行的设计行为,在这个过程中一定要有"产品"的概念。

布局、布线就是将原理图(通过网表)转换成适合生产加工的一系列 Gerber 和钻孔文件的过程,如图 4.10 所示。

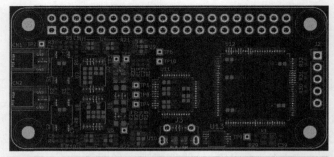

图 4.9 PCB 布局以后的效果（使用 KiCad 的 PCBNew 及 3D 视图）

图 4.10 完成了布局、布线的 PCB 设计（用 KiCad 的 PCBNew 及 3D 视图）

（1）输入：原理图或基于原理图生成的网表（Netlist）。

（2）使用的基本元素：器件封装库。

（3）输出文件：能够发送到 PCB 制板厂加工的 Gerber 文件。

输出文件主要步骤如下：

① 根据项目的要求设定板子的外形尺寸。

② 加载基于原理图生成的网表 Netlist。

③ 系统自动加载 Netlist 中的器件封装，库里缺少封装的器件，需要自行创建其封装。

④ 布局。基于一系列的考虑，摆放每个元器件到合适的位置。

⑤ 布线。布线步骤如下：

- 选择层数并定义各层的功能。
- 手工布线关键的信号连线（地/电源，RF 信号等）。
- 自动布线（非关键的信号）。
- 接地平面或大面积的接地敷铜。

⑥ 设计规则检查（DRC）。确保最终的设计满足 PCB 生产厂商所要求的设计规则。

上面的过程是在"约束条件"下执行的，主要考虑到以下的一些因素：

- "约束"会影响到板子的大小、元器件的放置位置、电路板层数的选择等。
- 在布局的时候需要先根据"约束条件"设定"规则"来限定板子的布局和布线。
- 同其他板卡或系统连接的要求，如板卡尺寸、定位孔、接插件位置。
- 制板厂的加工工艺要求，如线宽、间距、过孔孔径等。
- 成本要求。
- 关键元器件的空间要求，例如温度传感器附近不能有功率器件（发热）。
- 标准规范——无线通信、EMC 等。

4.4　总结

本节介绍了一个电子产品从创意到最终 PCB 实现的整个流程的关键环节，以及在那个环节需要注意的一些事项。流程设计对于将来的项目计划、项目方案设计都是非常重要的，前期的工作做得越到位、规划得越细致、合理，后期的 PCB 设计才能越顺理成章，效率最佳。

4.5　实战项目："低成本 DDS 任意信号发生器"的方案分析及器件选型

1. 方案确定

- FPGA 可以从 Xilinx、Intel（Altera）、Lattice 三家公司中进行选择，选用原则如下：
  ◆ 资源能够实现 DDS 逻辑、任意波形的波表存储。
  ◆ 运行速度能够驱动 DAC 的高速转换产生 10MHz 的模拟信号。

- ◆ 价格足够便宜。
- ◆ 器件方便手工焊接。
- ◆ 供货没有问题。
- 高速 DAC 的选用原则：
  - ◆ 10MHz 的模拟信号必须选用高速(转换率 25MSPS 以上)并行的 DAC,转换率越高,得到的模拟信号每个周期的样点数越多,一般 10 个点以上为好,且其混叠频谱距离被生成的信号越远,越比较容易滤除。
  - ◆ 动态范围 V_{pp} 的电压为 100mV～8V 需要至少 12 位的分辨率(至少 5 位用于生成波形、7 位用于 100 倍的动态范围调节),第一种方案是直接采用 12 位的高速 DAC,在数字域进行幅度的调节；第二种方案是采用内部参考电流为 4∶1 以上调节空间的 10 位的 DAC；第三种方案是采用 8 位以上分辨率的 DAC,外部搭配一个压控增益放大器(VCA)进行输出信号幅度的调节。
  - ◆ 现有集成电路可选厂商有 ADI、TI、Maxim、瑞萨、国产的思瑞浦(3PEAK)等。
  - ◆ 也可以用 24 颗精度达 1‰ 的电阻以 R-2R 的方式构成。
  - ◆ 价格足够低,使得整个项目的系统成本低于 100 元。
- 运算放大器的选用原则：
  - ◆ V_{pp} 输出的 8mV 电压需要±5V 双电压供电,轨到轨输出。
  - ◆ 带宽足够,在 10MHz 时能够实现 V_{pp} 为 8V 的输出。
  - ◆ 可选厂商为 ADI、TI、美信、Microchip、本土厂商 3PEAK、圣邦微等。
- 电源变换的选用原则：
  - ◆ 能够从 USB 输入的 5V 直流电压中产生 FPGA 需要的 3.3V 直流电压,电流在 200mA 以内。
  - ◆ 能够从 USB 输入的 5V 直流电压中产生运算放大器需要的－5V 直流电压,电流在 10mA 以内。
  - ◆ 可选厂商为 TI、ADI、美信、Microchip,国产厂商 3PEAK、圣邦微等。
- UART 通信及 FPGA 配置器件选用原则：
  - ◆ 能够实现 USB 到 JTAG 的转换。
  - ◆ 能够同时实现 USB 转 UART 的功能。
  - ◆ 可用 FT2233 或带 USB 的单片机来实现,JTAG 通过软件进行仿真。
  - ◆ 可选厂商为 Cypress、FTDI、ST、NXP、Silicon Labs、南京沁恒等。

2. 核心元器件选择

综合性价比,最后确定下来核心元器件如表 4.1 所示。

表 4.1 核心元器件选型

功　　能	核心元器件	估算价格/元 (参考 BOM2BUY 结果)
FPGA	Lattice 公司的 XO2-1200-QFN32	60
DAC	采用 12 个 1kΩ 电阻,12 个 2kΩ 电阻构成的 R-2R 高速 DAC	1
模拟链路	1 颗圣邦微公司的 SGM8301	3

续表

功　　　能	核心元器件	估算价格/元 （参考 BOM2BUY 结果）
电源变换	Microchip 公司的 MIC5504-3.3YM5（LDO）TI 的 LM2776（电荷泵）	5
UART 通信	南京沁恒公司的 CH340E	2
其他阻容、连接器		5
制板		5
总计		81

满足项目的设计目标可以自己打板，单品成本低于 100 元。

3. 辅助设计工具

DDS 验证平台构成如下：

- DDS 的构成。
- FPGA 的资源包括逻辑资源、存储资源、引脚数、供电电压及电流。
- FPGA 能够达到的性能。
- 免费编译环境。
- IP-Sine 表、ROM 等有现成的 IP 可以使用。

模拟电路设计仿真工具：采用 LTSpice。

4. 方案框图

低成本 DDS 信号发生器的方案构成框图如图 4.11 所示。

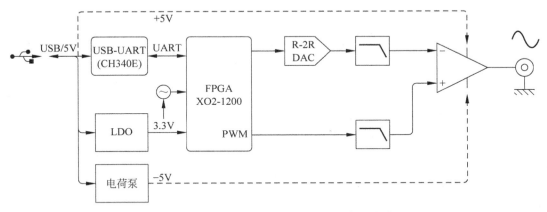

图 4.11　低成本 DDS 信号发生器的方案构成框图

第 **5** 章

会高效阅读英文数据手册很重要

PCB 设计中非常有挑战但又跳不过去的一个步骤就是根据元器件的数据手册(Datasheet)进行元器件库的构建(原理图符号库、PCB 封装库、器件关键信息),重要信号的外围元器件布局,以及元器件之间的布线。而我们用到的元器件需要参考英文的数据手册,即便是一个运算放大器的器件,其数据手册也可能多达几十页。如何高效地阅读英文数据手册,并能够在很短的时间内迅速提取与设计相关的重要信息,对于 PCB 的设计者是非常重要和必备的技能。

5.1 数据手册一定要看英文、正确的版本

有的工程师说:我有翻译工具,可以将数据手册翻译成中文。资深工程师建议:最好看原汁原味的英文资料,原因有三:

(1) 你能相信翻译工具的准确性么?这可容不得一丝的错误。即便是经验丰富的工程师翻译过来的文章,读起来都不如原汁原味的英文好理解,更何况机器翻译呢。即便现在的机器翻译准确率已经达到 95%,碰到那 5% 的不准确性就会让你吃尽苦头。

(2) 如果你要成为一个优秀的工程师,尤其还期望在企业里成为项目负责人,那么阅读英文文献就是非常重要的一项能力,因为全球半导体行业最新的技术、产品,最优秀的学术论文都是用英文阐述的;围绕着你使用的器件或平台的最有价值的技术交流话题和参考案例大概率都是用英文表达的。所以,熟练阅读英文文献非常重要,而阅读数据手册则是提升专业英语技能非常有效的一种方式。

(3) 其实阅读英文文献不难。你阅读上十几篇数据手册就会找到感觉,会发现自己的英语水平提升飞快。其实专业词汇就那么多,语法则很容易举

一反三。

假如你愿意挑战自己,坚持用英语阅读,下一步要掌握的就是:如何在最短的时间内从几十页甚至上百页的数据手册中把关键信息迅速定位提取出来。就像从英语考试机构学到的应试技巧一样,即使不能完全读懂题目,也能答对。

厂商的元器件数据手册可能更新过多次,对应的元器件虽然是同一个型号,但同一个型号的元器件也有不同,因此首先要确保你用的数据手册是官方的最终版本,且和你用的元器件是对应的。有些不良的数据手册网站,不知从哪里复制的信息,把几年前有错误的 PDF 数据手册文件也收录了。工程师用的时候没有注意,导致设计中出现了错误。因此一定要到厂商的官网去下载最新版本的数据手册,到保持动态更新的权威网站上去查询和下载资料。

5.2 英文数据手册的重要组成

5.2.1 首页都是关键信息汇总页

所有厂商的产品数据手册都长得很相似,例如第 1 页为基本信息汇总页,大体都是这些信息:

- 元器件的型号。
- 简单描述。
- 功能。
- 特色亮点。
- 应用领域。
- 功能框图。
- 隐含在特性或描述里面的封装信息。

第 1 页非常重要,根据这一页的信息你可以判断这是不是能满足你需要的器件,如图 5.1 所示。

5.2.2 引脚定义信息页面

有一个页面专门对器件的引脚进行说明:

- 引脚的编号。
- 每个引脚的功能。
- 这些引脚的排列方式。
- 引脚 1 的位置。

很多元器件同一个型号有多种不同封装,每种封装的引脚排列和功能定义可能是不同的,一定别弄错了。原理图中调用的符号和 PCB 中的封装一定要正确对应;购买的元器件一定要是你设计中用到的封装。

有的元器件在底部中心位置有一个焊盘用于散热或者接地,很多工程师在画图的时候把这个焊盘给忽略了,或者在 PCB 的封装构建的时候焊盘的尺寸没有画对,导致了性能的下降甚至不能工作。一定要注意焊盘位置,并在原理图的符号以及 PCB 的封装上反映出来。

Low Cost, High Speed, Rail-to-Rail, Output Op Amps
ADA4851-1/ADA4851-2/ADA4851-4

FEATURES
Qualified for automotive applications
High speed
  130 MHz, −3 dB bandwidth
  375 V/μs slew rate
  55 ns settling time to 0.1%
Excellent video specifications
  0.1 dB flatness: 11 MHz
  Differential gain: 0.08%
  Differential phase: 0.09°
Fully specified at +3 V, +5 V, and ±5 V supplies
Rail-to-rail output
  Output swings to within 60 mV of either rail
Low voltage offset: 0.6 mV
Wide supply range: 2.7 V to 12 V
Low power: 2.5 mA per amplifier
Power-down mode
Available in space-saving packages
  6-lead SOT-23, 8-lead MSOP, and 14-lead TSSOP

APPLICATIONS
Automotive infotainment systems
Automotive driver assistance systems
Consumer video
Professional video
Video switchers
Active filters
Clock buffers

GENERAL DESCRIPTION
The ADA4851-1 (single), ADA4851-2 (dual), and ADA4851-4 (quad) are low cost, high speed, voltage feedback rail-to-rail output op amps. Despite their low price, these parts provide excellent overall performance and versatility. The 130 MHz, −3 dB bandwidth and high slew rate make these amplifiers well suited for many general-purpose, high speed applications.

The ADA4851 family is designed to operate at supply voltages as low as +3 V and up to ±5 V. These parts provide true single-supply capability, allowing input signals to extend 200 mV below the negative rail and to within 2.2 V of the positive rail. On the output, the amplifiers can swing within 60 mV of either supply rail.

With their combination of low price, excellent differential gain (0.08%), differential phase (0.09°), and 0.1 dB flatness out to 11 MHz, these amplifiers are ideal for consumer video applications.

The ADA4851-1W, ADA4851-2W, and ADA4851-4W are automotive grade versions, qualified for automotive applications.

PIN CONFIGURATIONS

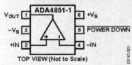

Figure 1. ADA4851-1, 6-Lead SOT-23 (RJ-6)

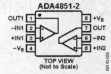

Figure 2. ADA4851-2, 8-Lead MSOP (RM-8)

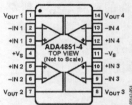

Figure 3. ADA4851-4, 14-Lead TSSOP (RU-14)

See the Automotive Products section for more details. The ADA4851 family is designed to work over the extended temperature range (−40°C to +125°C).

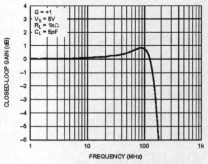

Figure 4. Small-Signal Frequency Response

One Technology Way, P.O. Box 9106, Norwood, MA 02062-9106, U.S.A.
Tel: 781.329.4700   www.analog.com
Fax: 781.461.3113   ©2004–2010 Analog Devices, Inc. All rights reserved.

图 5.1　数据手册首页主要信息（ADI 的 AD4851-1）

封装信息、封装视图如图 5.2 和图 5.3 所示。

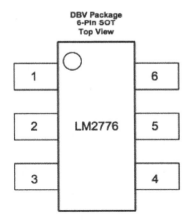

Pin Functions

PIN		TYPE	DESCRIPTION
NUMBER	NAME		
1	VOUT	Output/Power	Negative voltage output.
2	GND	Ground	Power supply ground input.
3	VIN	Input/Power	Power supply positive voltage input.
4	EN	Input	Enable control pin, tie this pin high (EN = 1) for normal operation, and to GND (EN = 0) for shutdown.
5	C1+	Power	Connect this pin to the positive terminal of the charge-pump capacitor.
6	C1-	Power	Connect this pin to the negative terminal of the charge-pump capacitor.

图 5.2　LM2776 的封装信息

图 5.3　LT3032 的封装视图

在引脚的命名方面有一些约定俗成的名字,例如 Vcc、Vdd 等都是指电源(具体电压要看数据手册中的说明),还有 CLK(时钟)、CLR(复位)、NC(无连接)、GND(地)等一些常用的信号引脚,根据这些名字就可以直接判断这些引脚的性质。

5.2.3　极限工作条件和推荐工作条件页面

很多人会把这两个概念混淆,前者是指元器件正常工作时不能超过的条件(例如供电电压,如果超过了范围,会损害元器件);后者表格中的参数是指让元器件正常工作时需要的条件,以及在这些条件得到满足的时候元器件的一些关键指标会是什么值。

器件的极限工作参数如图 5.4 所示。

ADA4851-1/ADA4851-2/ADA4851-4

ABSOLUTE MAXIMUM RATINGS

Table 4.

Parameter	Rating
Supply Voltage	12.6 V
Power Dissipation	See Figure 5
Common-Mode Input Voltage	$-V_S - 0.5$ V to $+V_S + 0.5$ V
Differential Input Voltage	$+V_S$ to $-V_S$
Storage Temperature Range	$-65°C$ to $+125°C$
Operating Temperature Range	$-40°C$ to $+125°C$
Lead Temperature	JEDEC J-STD-20
Junction Temperature	150°C

Stresses above those listed under Absolute Maximum Ratings may cause permanent damage to the device. This is a stress rating only; functional operation of the device at these or any other conditions above those indicated in the operational section of this specification is not implied. Exposure to absolute maximum rating conditions for extended periods may affect device reliability.

THERMAL RESISTANCE

θ_{JA} is specified for the worst-case conditions; that is, θ_{JA} is specified for device soldered in circuit board for surface-mount packages.

Table 5. Thermal Resistance

Package Type	θ_{JA}	Unit
6-lead SOT-23	170	°C/W
8-lead MSOP	150	°C/W
14-lead TSSOP	120	°C/W

Maximum Power Dissipation

The maximum safe power dissipation for the ADA4851-1/ ADA4851-2/ADA4851-4 is limited by the associated rise in junction temperature (T_J) on the die. At approximately 150°C, which is the glass transition temperature, the plastic changes its properties. Even temporarily exceeding this temperature limit may change the stresses that the package exerts on the die, permanently shifting the parametric performance of the amplifiers. Exceeding a junction temperature of 150°C for an extended period can result in changes in silicon devices, potentially causing degradation or loss of functionality.

The power dissipated in the package (P_D) is the sum of the quiescent power dissipation and the power dissipated in the die due to the drive of the amplifier at the output. The quiescent power is the voltage between the supply pins (V_S) times the quiescent current (I_S).

$P_D = Quiescent\ Power + (Total\ Drive\ Power - Load\ Power)$

$$P_D = (V_S \times I_S) + \left(\frac{V_S}{2} \times \frac{V_{OUT}}{R_L}\right) - \frac{V_{OUT}^2}{R_L}$$

RMS output voltages should be considered. If R_L is referenced to $-V_S$, as in single-supply operation, the total drive power is $V_S \times I_{OUT}$. If the rms signal levels are indeterminate, consider the worst case, when $V_{OUT} = V_S/4$ for R_L to midsupply.

$$P_D = (V_S \times I_S) + \frac{(V_S/4)^2}{R_L}$$

In single-supply operation with R_L referenced to $-V_S$, the worst case is $V_{OUT} = V_S/2$.

Airflow increases heat dissipation, effectively reducing θ_{JA}. In addition, more metal directly in contact with the package leads and through holes under the device reduces θ_{JA}.

Figure 5 shows the maximum safe power dissipation in the package vs. the ambient temperature for the 6-lead SOT-23 (170°C/W), the 8-lead MSOP (150°C/W), and the 14-lead TSSOP (120°C/W) on a JEDEC standard 4-layer board. θ_{JA} values are approximations.

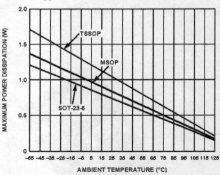

Figure 5. Maximum Power Dissipation vs. Temperature for a 4-Layer Board

ESD CAUTION

ESD (electrostatic discharge) sensitive device. Charged devices and circuit boards can discharge without detection. Although this product features patented or proprietary protection circuitry, damage may occur on devices subjected to high energy ESD. Therefore, proper ESD precautions should be taken to avoid performance degradation or loss of functionality.

图 5.4　器件的极限工作参数（ADI 的 ADA4851-1）

5.2.4 元器件的关键性能和各参数之间的关系曲线

这些曲线非常重要,元器件在各种外围条件下工作时,能够达到的性能指标就在这些表格中体现出来。这些曲线是厂商实测得到,印刷在数据手册表格中的数据是能够被验证的。

器件正常工作时的参数如图5.5所示。

ADA4851-1/ADA4851-2/ADA4851-4

SPECIFICATIONS WITH ±5 V SUPPLY

$T_A = 25°C$, $R_F = 0\ \Omega$ for G = +1, $R_F = 1\ k\Omega$ for G > +1, $R_L = 1\ k\Omega$, unless otherwise noted.

Table 3.

Parameter	Conditions	Min	Typ	Max	Unit
DYNAMIC PERFORMANCE					
−3 dB Bandwidth	G = +1, V_{OUT} = 0.1 V p-p	83	105		MHz
	ADA4851-1W/2W only: T_{MIN} to T_{MAX}	75			MHz
	G = +1, V_{OUT} = 1 V p-p	52	74		MHz
	ADA4851-1W/2W/4W only: T_{MIN} to T_{MAX}	42			MHz
	G = +2, V_{OUT} = 2 V p-p, R_L = 150 Ω		40		MHz
Bandwidth for 0.1 dB Flatness	G = +2, V_{OUT} = 2 V p-p, R_L = 150 Ω		11		MHz
Slew Rate	G = +2, V_{OUT} = 7 V step		375		V/μs
	G = +2, V_{OUT} = 2 V step		190		V/μs
Settling Time to 0.1%	G = +2, V_{OUT} = 2 V step, R_L = 150 Ω		55		ns
NOISE/DISTORTION PERFORMANCE					
Harmonic Distortion, HD2/HD3	f_C = 1 MHz, V_{OUT} = 2 V p-p, G = +1		−83/−107		dBc
Input Voltage Noise	f = 100 kHz		10		nV/√Hz
Input Current Noise	f = 100 kHz		2.5		pA/√Hz
Differential Gain	G = +2, NTSC, R_L = 150 Ω, V_{OUT} = 2 V p-p		0.08		%
Differential Phase	G = +2, NTSC, R_L = 150 Ω, V_{OUT} = 2 V p-p		0.09		Degrees
Crosstalk (RTI)—ADA4851-2/ADA4851-4	f = 5 MHz, G = +2, V_{OUT} = 2.0 V p-p		−70/−60		dB
DC PERFORMANCE					
Input Offset Voltage			0.6	3.5	mV
	ADA4851-1W/2W/4W only: T_{MIN} to T_{MAX}			7.5	mV
Input Offset Voltage Drift			4		μV/°C
Input Bias Current			2.2	4.0	μA
	ADA4851-1W/2W/4W only: T_{MIN} to T_{MAX}			4.5	μA
Input Bias Current Drift			6		nA/°C
Input Bias Offset Current			20		nA
Open-Loop Gain	V_{OUT} = ±2.5 V	99	106		dB
	ADA4851-1W/2W/4W only: T_{MIN} to T_{MAX}	90			dB
INPUT CHARACTERISTICS					
Input Resistance	Differential/common-mode		0.5/5.0		MΩ
Input Capacitance			1.2		pF
Input Common-Mode Voltage Range			−5.2 to +2.8		V
Input Overdrive Recovery Time (Rise/Fall)	V_{IN} = ±6 V, G = +1		50/25		ns
Common-Mode Rejection Ratio	V_{CM} = 0 V to −4 V	−90	−105		dB
	ADA4851-1W/2W/4W only: T_{MIN} to T_{MAX}	−86			dB
POWER-DOWN—ADA4851-1 ONLY					
Power-Down Input Voltage	Power-down		< −3.9		V
	Power-up		> −3.4		V
Turn-Off Time			0.7		μs
Turn-On Time			30		ns
Power-Down Bias Current					
Enabled	POWER DOWN = +5 V		100	130	μA
	ADA4851-1W only: T_{MIN} to T_{MAX}			130	μA
Power-Down	POWER DOWN = −5 V		−50	−60	μA
	ADA4851-1W only: T_{MIN} to T_{MAX}			−60	μA

图5.5 器件正常工作时的参数/指标(ADI 的 ADA4851-1)

5.2.5 元器件应用中需要特别注意的地方

很多元器件会有专门的篇幅详细介绍在应用这个元器件时如何供电、如何接地、如何提供时钟、如何外接其他元器件等，这在电路原理图设计以及 PCB 布局、布线的时候一定要好好阅读并彻底领会。元器件正常工作时的典型参数曲线如图 5.6 所示。

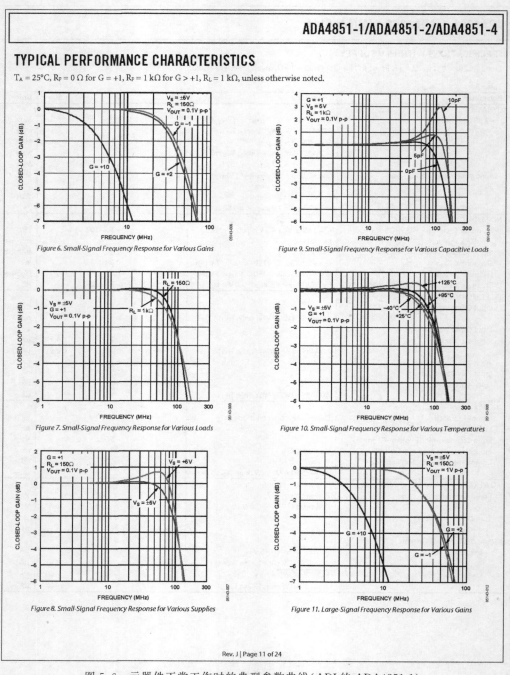

图 5.6　元器件正常工作时的典型参数曲线（ADI 的 ADA4851-1）

5.2.6 元器件的封装信息

创建该元器件的 PCB 封装一定要阅读这个页面,同一个型号的元器件不同的封装对应不同的型号尾标,注意别张冠李戴。

5.2.7 元器件之间连接的时序图

时序图非常重要,尤其是在时序电路的连接时,必须满足传输信号在时序上的要求,如时钟的最高频率、信号的上升沿、下降沿、建立时间、保持时间等。 例如在你的设计中用到 MCU 连接 SPI 外设,如果你不查时序图,极有可能调试好几天都得不到正确的结果,因为你没有把收、发两端的时序对应好。

厂商提供的具体应用时的设计指导信息如图 5.7 所示。

ADA4851-1/ADA4851-2/ADA4851-4

CIRCUIT DESCRIPTION

The ADA4851-1/ADA4851-2/ADA4851-4 feature a high slew rate input stage that is a true single-supply topology, capable of sensing signals at or below the negative supply rail. The rail-to-rail output stage can pull within 60 mV of either supply rail when driving light loads and within 0.17 V when driving 150 Ω. High speed performance is maintained at supply voltages as low as 2.7 V.

HEADROOM CONSIDERATIONS

These amplifiers are designed for use in low voltage systems. To obtain optimum performance, it is useful to understand the behavior of the amplifiers as input and output signals approach the headroom limits of the amplifiers. The input common-mode voltage range of the amplifiers extends from the negative supply voltage (actually 200 mV below the negative supply), or from ground for single-supply operation, to within 2.2 V of the positive supply voltage. Therefore, at a gain of 3, the amplifiers can provide full rail-to-rail output swing for supply voltages as low as 3.3 V and down to 3 V for a gain of 4.

Exceeding the headroom limit is not a concern for any inverting gain on any supply voltage as long as the reference voltage at the positive input of the amplifier lies within the input common-mode range of the amplifier.

The input stage is the headroom limit for signals approaching the positive rail. Figure 40 shows a typical offset voltage vs. the input common-mode voltage for the ADA4851-1/ADA4851-2/ADA4851-4 amplifiers on a ±5 V supply. Accurate dc performance is maintained from approximately 200 mV below the negative supply to within 2.2 V of the positive supply. For high speed signals, however, there are other considerations. Figure 41 shows −3 dB bandwidth vs. input common-mode voltage for a unity-gain follower. As the common-mode voltage approaches 2 V of positive supply, the amplifier responds well but the bandwidth begins to drop as the common-mode voltage approaches the positive supply. This can manifest itself in increased distortion or settling time. Higher frequency signals require more headroom than the lower frequencies to maintain distortion performance.

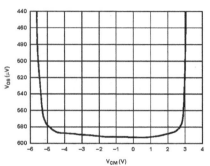

Figure 40. V_{OS} vs. Common-Mode Voltage, $V_S = \pm 5$ V

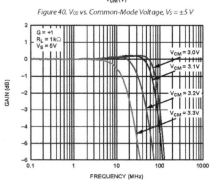

Figure 41. Unity-Gain Follower Bandwidth vs. Input Common-Mode

图 5.7 厂商提供的具体应用时的设计指导信息(ADI 的 ADA4851-1)

5.2.8 参考设计的参考

厂商重要的元器件,尤其是 MCU、ADC 等都会提供参考设计,甚至参考设计板。参考设计的电路图一般都附在该元器件的数据手册尾部,如果信息量太大,厂商会将这些信息放在网站的独立目录下供下载阅读。

厂商的参考设计试图将各种应用场景尽可能多地覆盖到,在自己的设计中要根据实际的情况进行简化和调整,毕竟你要做的是一个产品,要做到性价比尽可能高,有些参考设计中的元器件就可以省略掉或用其他元器件替代,这个过程要慎重,要经过测试对比确定没有问题之后再做调整。

有些厂商会在其官网或其授权分销商的网站上销售其参考设计、评估板(EvKit)或开发板(DevKit),购买现成的参考设计多数情况下是值得且必要的,在设计前做好充分的性能和设计的评估,能够大大降低后期的风险。如果你跟原厂或他们的分销商的关系比较好,一般能够拿到免费的或者借到他们的评估板/开发板。

同一型号对应的不同器件型号尾标如图 5.8 所示。

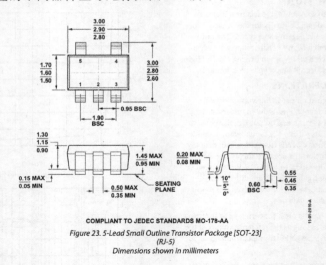

COMPLIANT TO JEDEC STANDARDS MO-178-AA

Figure 23. 5-Lead Small Outline Transistor Package [SOT-23]
(RJ-5)
Dimensions shown in millimeters

ORDERING GUIDE

Model[1]	Temperature Range	Package Description	Package Option	Marking Code[2]
ADG701LBRJZ-500RL7	−40°C to +85°C	5-Lead Small Outline Transistor Package [SOT-23]	RJ-5	S10
ADG701LBRJZ-REEL7	−40°C to +85°C	5-Lead Small Outline Transistor Package [SOT-23]	RJ-5	S10
ADG701LBRMZ	−40°C to +85°C	8-Lead Mini Small Outline Package [MSOP]	RM-8	S10
ADG701LBRMZ-REEL7	−40°C to +85°C	8-Lead Mini Small Outline Package [MSOP]	RM-8	S10
ADG701LBRTZ-REEL7	−40°C to +85°C	6-Lead Small Outline Transistor Package [SOT-23]	RJ-6	S10
ADG702LBRMZ	−40°C to +85°C	8-Lead Mini Small Outline Package [MSOP]	RM-8	S11
ADG702LBRTZ-REEL7	−40°C to +85°C	6-Lead Small Outline Transistor Package [SOT-23]	RJ-6	S11

[1] Z = RoHS Compliant Part.
[2] Due to package size limitations, these three characters represent the part number.

图 5.8 同一个型号对应的不同的器件型号及器件型号的尾标

AD9837 的 SPI 总线接口时序图如图 5.9 所示。

LTC2251 评估板原理图如图 5.10 所示。

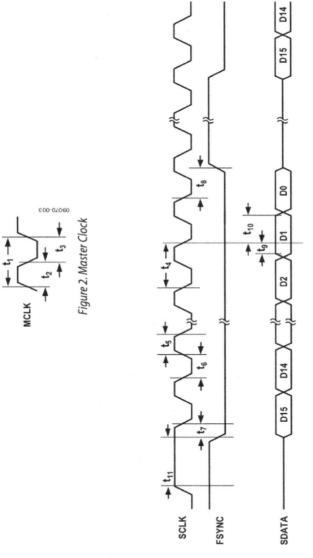

Figure 2. Master Clock

Figure 3. Serial Timing

图 5.9 AD9837 的 SPI 总线接口时序图

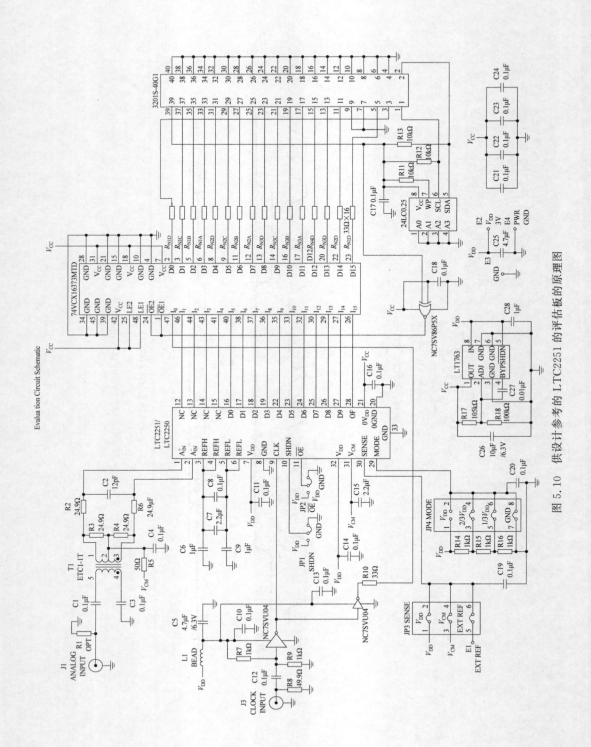

图 5.10 供设计参考的 LTC2251 的评估板的原理图

LTC2251 的 PCB 布局布线图如图 5.11 所示。

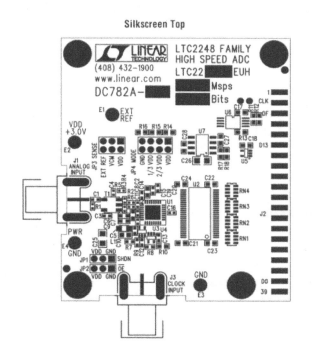
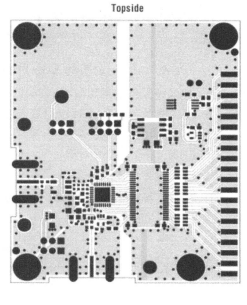

图 5.11　供设计参考的 LTC2251 的 PCB 布局布线图

5.3   实战项目："低成本 DDS 任意信号发生器"中的元器件数据手册阅读要点

1. FPGA：Lattice 公司的 XO2-1200HC

- 内部资源包括逻辑资源、Block RAM。
- 时钟资源包括外部时钟连接需要的引脚、内部时钟的频率。
- 供电电压及范围。
- 封装、特殊引脚的处理。
- 编程的方式以及需要配置的引脚。

2. 高频运算放大器：圣邦微公司的 SGM8301

- 带宽、增益带宽积。
- 输入电压范围、输出电压范围。
- 封装、引脚。
- 供电电压及范围。

3. USB 接口器件：南京沁恒公司的 CH340E

- 同 USB 端口的引脚连接方式。
- 时钟的选用。
- 供电电压要求。
- 封装、引脚。

4. 5V 转 3.3V 的低压差线性稳压器（LDO）：Microchip 公司的 MIC5504-3.3V

- 支持的负载电流。
- 纹波电压、PSRR。
- 输入和输出电压差的最小值。
- 引脚、封装，注意选择正确的型号。

5. 5V 转－5V 的电荷泵器件：TI 公司的 LM2776

- 输出电压范围：查看输入电压、负载电流和输出电压之间的关系。
- 支持的负载电流：查看输入电压、输出电压和负载电流的关系曲线。
- 纹波电压：评估一下开关噪声是否会对运放的性能产生影响。
- 封装、引脚。
- 外围关键元器件的使用，尤其是开关电容、输入/输出端的滤波电容。

第 **6** 章

每一个器件都由其"库"来表征

6.1　三个环节分别需要的"库"信息

　　每种 PCB 设计工具对元器件库的管理是不同的。Altium Designer 提供了集成化的原理图符号、PCB 封装的管理平台；KiCad 则将元器件原理图符号编辑、管理功能和封装的编辑、管理功能分别由独立的功能模块来实现。即使 KiCad 已拥有集成化的元器件库管理平台，其原理图符号和 PCB 封装也可以分时构建。在 PCB 设计中元器件的主要构成如图 6.1 所示。

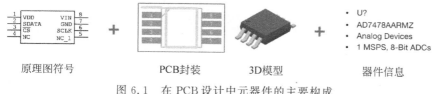

　　原理图符号　　　　　　PCB封装　　　3D模型　　　　　　器件信息

图 6.1　在 PCB 设计中元器件的主要构成

　　如前所述，PCB 从设计到安装主要有三个环节：原理图绘制、PCB 布局布线、PCB 上的元器件安装。在这三个环节中，用到的元器件的信息也是不同的：

- 原理图绘制需要的元器件符号(Symbol)。
- PCB 布局、布线中需要的元器件封装(Footprint)，它是二维的，现在越来越多的工具支持 3D 模型的导入以及查看。
- PCB 安装需要的元器件信息(Device Information)，在设计 PCB 的同时，需要购买正确的元器件，并在拿到 PCB 以后把这些元器件安装到板子的正确位置上，因此需要元器件的基本信息(包括供应商信息)及板子上的参考标号等。

在使用工具或查看器件的技术参数时通常会遇到以下的专业术语。

- Symbol：原理图的基本构成单元，是代表元器件功能的抽象符号。
- Footprint：PCB布局、布线中元器件的封装。它类似元器件在 PCB 上"踩"出的脚印，准确来讲像"鞋"，能够通过焊接来稳定安放元器件的引脚。
- STEP(Standard for the Exchange of Product Model Data)：3D模型的一种文件格式。
- SPICE(Simulation Program with Integrated Circuit Emphasis)：用于电路仿真分析。
- IBIS(Input/Output Buffer Information Specification)：用于信号完整性分析等。

元器件库的构建、使用和关联如图 6.2 所示。

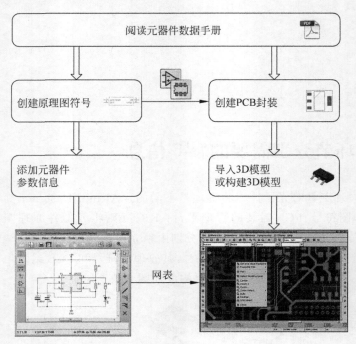

图 6.2　元器件库的构建、使用和关联

6.2　原理图"符号"的构成要素

1. 原理图符号

原理图的符号是对元器件功能的图形化表示，是构成原理图的基本元素，原则要求如下：

- 准确。每一个引脚的名字、编号、属性（输入、输出、三态等）都不能出错。
- 直观。按照功能及信号流程安排引脚的位置，隶属于同一功能的引脚最好能够在一起，不同功能之间保持一定的间隔。
- 大小。很多元器件是需要跟外围的其他多个元器件进行连接的，因此元器件上引脚的排列要考虑到外部元器件的数量、大小以及连接方式,最终这个元器件符号的大小要适中,在方便外部元器件连接的同时,又不占多余的空间。

- 位置。每个元器件都有一个参考基准点,也就是默认的坐标原点,可以选择元器件的中心位置或左上角的位置,尽可能不要在元器件轮廓的外侧,同时所有的元器件有统一的位置规范。

原理图符号的基本要素如下:

- 轮廓形状。类似"院墙"一样,所有引脚都附着在其上,其形状最好能够体现该元器件的功能,例如运算放大器、ADC 等。ADC0832 的原理图符号如图 6.3 所示。

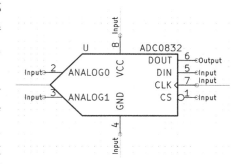

图 6.3 ADC0832 的原理图符号
(以 KiCad 为例)

- 引脚。命名、编号、属性(输入/输出),要格外注意一些特殊的信号,例如时钟,一般会在其引脚名字一侧带一个三角形作标记。低电平有效的信号例如片选 CS,一般会在其引脚靠近符号的轮廓一侧放置一个圆圈作标识。注意,电源和地的摆放位置,最好不要隐藏起来。
- Grid。选择固定清晰的格距(一般为 50mil),保证原理图的连接不出问题。
- 设定原点坐标到适当的位置。符号的中心或轮廓形状的左上角。
- 元器件属性信息,这个在后面的元器件信息部分还会强调:
  ◆ 参考标号(Designator):U。
  ◆ 注解(Comment):型号(ADC0832)或值(0.1μF)。
  ◆ 描述(Description):2 inputs AD Converter(serial output)。

引脚比较多的元器件可以分成多个部分(Part):

- 同一个元器件的多个部分共享同一个器件编号,例如 U1。
- 注意公共引脚(电源、地、时钟等)。
- 在 FPGA 中,同一个 bank 的相关信号引脚以及电源信号最好画在一个部分里。

原理图符号检查。这一步非常非常重要,一个引脚的错误会导致整个设计的失败,检查步骤如下:

- 检查引脚的数量,是否与元器件数据手册上的引脚数量一致。
- 检查引脚的属性,如输入/输出,是否需要上拉/下拉,是否需要加去耦电容等。
- 打印出来对照数据手册进行校对。

2. 名称和值,一般为注解(**Comment**)字段

元器件的"值"有助于准确定义其内容。对于电阻、电容和电感等元件,这个"值"表示是多少欧姆(Ω)、法拉(F)或亨利(H),但由于这些元件的符号都是通用的,因此在造"库"的阶段,可以不对它进行设定。对于其他元件,如集成电路,该值可能只是芯片的型号。基本上,原理图上元器件的值就是它最重要的特征。

3. 参考标号

参考标号(Reference Designators,REFDES)是在电路原理图中对任意物理器件的独一无

二的标记,也是对该元器件的一种表述,它们通常是一个或两个字母和一个数字的组合。该名称的字母部分标识了元器件的类型,如电阻为 R、电容为 C、集成电路为 U 等。原理图上的每个元器件标号应该是唯一的,例如电路中如果有多个电阻,则应将它们命名为 R1,R2,R3 等。

我们对元器件做参考编号,最好遵循行业约定俗成的"潜规则",有一些标准的符号表征了不同类型的电子元器件,但并不是所有的图都符合这些标准。例如,你可能会看到以 IC 为前缀而不是 U 的集成电路,或标有 XTAL 而不是 Y 的晶体。一般来讲,原理图的符号形状已传达了足够的信息,在阅读电路原理图或 PCB 版图的时候,可以根据元器件的标号以及原理图符号的形状来判断该元器件所属的类型。原理图符号的参考标号和元器件类型对应列表如表 6.1 所示。

表 6.1 原理图符号的参考标号和元器件类型

参 考 标 号	元器件类型	参 考 标 号	元器件类型	参 考 标 号	元器件类型
BT	电池	J	连接器(Jack)	R	电阻
C	电容	K	继电器	S 或 SW	开关
D	二极管	L	电感	T	变压器
F	熔丝	P	连接器(Plug)	U	集成电路
H	硬件	Q	三极管	Y	晶体

6.3 元器件"封装"的构成要素

构成一个元器件的封装,主要有以下三个要素。元器件封装示例如图 6.4 所示。

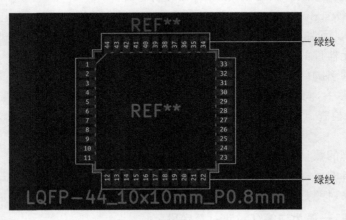

图 6.4 元器件封装示例(以 KiCad 为例)

(1)焊盘。用于将元器件固定到电路板上,并通过连线同其他元器件进行信号连接。我们需要根据数据手册来确定焊盘的形状(包括长度、宽度)、位置(包括间距)以及焊盘的编号(排列方式),编号对应着该元器件的引脚编号。要注意 PCB 封装的引脚编号一定要与原理图符号中的编号对应起来,例如双排的插座,可以有多种排列方式,比较容易出错,如图 6.5 所示。

图 6.5　同样一个插座有不同的原理图符号编号和 PCB 封装编号

焊盘的形状和尺寸都可以单独编辑设定。在建库的时候,设计者容易犯的一个错误就是由于 Grid 的设置太小,导致引脚之间的间距出现了偏差,在计算机上看不出,但拿到板子焊接的时候就会发现:由于引脚的错位导致焊接困难。

焊盘设计时要注意如下事项:

- 选择焊盘类型,考虑元器件形状、大小、布置形式、振动、受热、受力等因素。
- 泪滴状焊盘,发热且受力较大、电流较大。
- 各元器件焊盘孔的大小可以按照元器件引脚粗细分别编辑确定,引脚焊盘宽度同数据手册中一致或略宽,引脚长度略长于数据手册中元器件的引脚长度。
- 注意焊盘和焊盘中心间距是否与元器件引脚中心间距一致。

(2) 元器件封装的外形轮廓是为了告诉设计者该元器件占板的实际面积,在该轮廓以内不能再放置其他元器件,否则就会导致冲突;对于必须靠近板边的元器件,例如 USB 插座、SD 卡槽等,也可以通过外形轮廓明确地标记出该元器件安装在板子上的时候,什么位置应该跟板子的边缘靠齐。外形轮廓如图 6.4 中的白线所示,在 PCB 的设计中可见,在最终拿到的 PCB 上可以不用印制。

(3) 我们需要对该器件的关键信息通过丝印进行标注。除了该元器件在 PCB 上的编号(图 6.4 中的 REF ** 在 PCB 上会变成具体的编号,例如 U2),还有标识哪个引脚是起始的引脚,元器件的极性、方向等,如图 6.4 中的上下两根绿色的线,它们位于丝印层,在焊接的时候就可以根据这两根线判别出元器件的摆放方向。

除了以上的三大要素以外,多数 CAD 软件都加入了 3D 模型数据,如图 6.6 所示。根据这些数据,设计者可以知道该元器件的三维形状,在机电一体设计的时候非常重要。

常遇到的问题如下:

- 二极管(包括 LED)和三极管的辨别是最容易出错的,很多工程师在这么简单的元器件上都栽过跟头。二极管极性的标注必须明确,且焊接到板子以后比较容易辨别。三极管有不同的封装,即使都是通孔的,不同型号的三极管其 3 个引脚的孔间距也不一定相同,一定要严格对照其数据手册以及实物进行设计。
- 通孔的元器件封装库。注意引脚的粗细和形状,焊盘的孔径形状没画对或画得太小,导致无法插入元器件的引脚也是工程师常犯的错误。
- 注意定位用的引脚,包括位置、编号、孔径、接地与否。有的元器件需要辅助的定位装置,例如 RJ45 的两个金属引脚,SD 卡、USB 插座的固定柱都需要在元器件封装

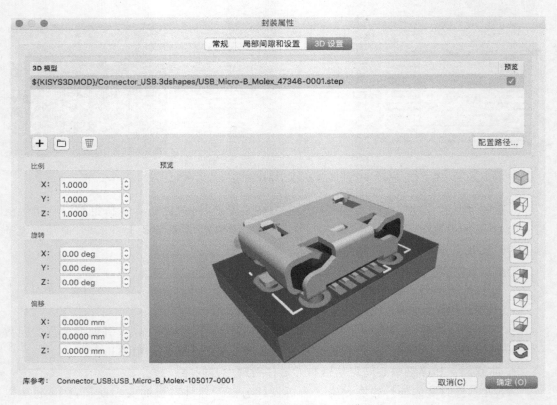

图 6.6　Micro USB 连接器的 3D 模型

构建的时候考虑到,并注意其孔径的大小。如果太小则无法插入,太大会松动,达不到固定的目的。另外,这些辅助定位的引脚是否接地也是需要注意的,要根据数据手册上的要求进行连接。USB-C 插座封装如图 6.7 所示。

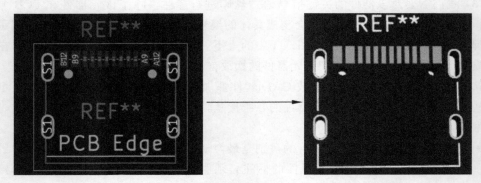

图 6.7　USB-C 插座的封装(左侧为 PCB 封装,右侧为 PCB 效果图)
(靠近信号焊盘有两个圆的固定孔,下面 PCB 边缘的线要放置在板的边缘上)

- 设定好原点,很多工程师从库里加载元器件封装的时候会发现被加载的元器件跑得很远,原因就是在构建封装的时候其坐标原点远远偏离了元器件,一般坐标原点选在元器件的中心或者左上角,每个人有自己的风格,只要一致就好。

- 明确、正确的丝印标注很重要,丝印用来标记元器件的轮廓、方向、极性以及引脚编号等,要记住这些信息,需要元器件安装以后也能够看到。
- 打印同实物进行对比验证,确保打印机的打印比例设置是 1∶1,将你手头的元器件放在你打印出来的封装上实际感受一下,即使自己手头没有现成的元器件,也需要对照数据手册上的尺寸进行验证,确保万无一失。

6.4　元器件"器件信息"的构成要素

除了用于绘制原理图的符号和 PCB 设计的封装之外,一个元器件还应该包括一些基本的信息,用于正确地采购和安装。连接设计和采购/安装的桥梁就是一个 BOM 表,这个 BOM 表在后面还会详细介绍,为了产生准确的 BOM,在构建元器件库的时候我们也需要将一些重要的元器件信息进行完善:

- 描述(Description)。对所用的元器件的基本介绍,例如这是一个高速运算放大器、一个 8 位/100MSPS 的 ADC 等。
- 值(Value 或 Comment)。对应于集成电路,可以是该集成电路的型号,对应于电阻、电容,则是这些元器件的值。
- 供应商(Manufacture)。例如 TI、ST、Microchip 等。大家要注意选用的元器件是哪个半导体厂商生产的,同样一个型号有可能不同的厂商都有提供(例如 LM358、78L05),但指标却不见得一样,因此需要明确指定。
- 采购渠道。如果是内部的项目设计,需要告诉采购或者其他相关的同事,从哪些渠道能够购买到这个元器件,如果你是为客户提供参考设计,要告诉客户可靠的供货渠道。供货渠道可能是多个,如现货目录分销商 Digi-Key、Mouser、原厂授权的期货供应商 Arrow、Avnet 等。
- 其他参数(Parameter)。对于某些元器件,如功率电阻,需要详细标明选用的元器件的功率系数;极性电容,需要标明其耐压值,否则太高的耐压值会导致成本过高,耐压值不够会导致电路工作不正常。这些都需要标注在用到的元器件的信息里面,并最好在原理图上特意显示出来,方便工程师安装、调试的时候注意到。

6.5　元器件库的几种构建方式

(1) 使用 CAD 工具自带的库。

任何一款 CAD 工具都具备一些常规元器件的库,如电阻、电容、连接器、通用的运算放大器等的原理图符号库和封装库;有的 CAD 工具在安装的时候,可以根据自己项目的需要选装需要的库以优化自己计算机的存储空间。系统自带的原理图符号不一定适合自己的风格,这时可以根据实际电路连接的需要进行调整(一般为重新排列、组合每个引脚的位置),另外要确保自己所使用的元器件与其对应引脚的命名和排序一致、原理图符号的引脚命名与封装库的引脚命名一致等。

（2）从现有的参考设计中提取。

很多半导体厂商为方便客户快速使用他们的产品，会提供一些用于评估其性能的评估板，或供其客户进一步开发功能的开发板，搭配这些板子的设计文档一般会包含相应的原理图及 PCB 设计源文件，可以从这些设计源文件中提取关键元器件的"符号"和"封装"，并可以参考这些板子的原理图连接方式，调整自己的元器件原理图符号。

如果厂商用的 CAD 工具和你使用的不同，可以找一些"格式转换工具"将这些"符号"和"封装"转换到你正在使用的 CAD 工具格式中，当然厂商提供的参考设计和其他人分享的设计原图主要是作参考的，使用的时候一定要认真检查、验证。

（3）从原厂的官网下载器件原厂提供的原理图符号和封装库。

- 提供库文件的原厂包括 TI、ADI、Maxim、Microchip、Silicon Labs、NXP、TE。
- 原厂的库文件一般包含了原理图符号、PCB 封装、3D 模型。
- 文件格式：BXL＝Binary eXchange Language。
- 都符合 IPC7351-B 规范。

几个可靠的库资源下载网站名称如下，请读者自己检索：

- Ultra Librarian。
- 电子元件搜索引擎。
- SnapEDA。

基于元器件的数据手册自己创建，使用 CAD 设计工具里面的符号编辑器和封装编辑器。所有的 CAD 工具都有这个功能，并提供了设计向导，操作界面都大同小异，在这里不再赘述。

6.6　总结

元器件库是 PCB 设计的基础，其正确与否直接影响到 PCB 设计的对错、效率，乃至元器件的备料过程。应该说建库是最需要认真仔细、反复检查的环节。文中也介绍了几种提高效率的方式，如从一些"高度可信"的站点上下载经验证好的"库"，并移植到自己的环境中，可以大大节省时间。但切记对这些下载的资源一定要严格检查，确保万无一失。

6.7　实战项目："低成本 DDS 任意信号发生器"中的元器件库的构建

KiCad 自带丰富的元器件库，尤其是封装库以及相应的 3D 模型数据，项目中用到的元器件基本都能够在 KiCad 的库里找到。有些元器件的原理图符号在 KiCad 的库里没有，但可以从其他资源网站上下载，例如 Lattice 的 XO2-1200HC-QFN32，就可以在 Ultra Librarian 上查找到并下载，且有 3D 模型。图 6.8 和表 6.2 展示了项目中的主要元器件，CAD 工具中都自带的电阻、电容和接插件就不再列出。

项目中用到的元器件及构建渠道如表 6.2 所示。

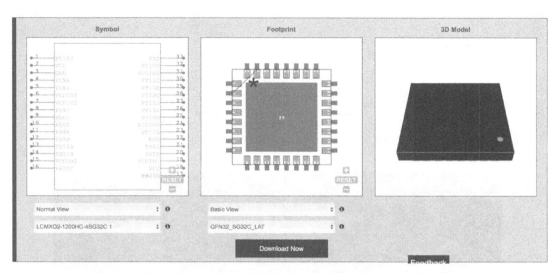

图 6.8 从 Ultra Librarian 上可以下载 XO2-1200HC-QFN32 的器件库

表 6.2 元器件和构建渠道

器 件	型 号	原理图符号	封 装 库	3D 模型
FPGA	XO2-1200HC-QN32	Ultra Librarian 下载修改	QFN-32,KiCad 库自带	KiCad 库自带
USB-UART 转换	CH340E	根据数据手册自建	MSOP-10,KiCad 库自带	KiCad 库自带
高速运算放大器	SGM8301	同 KiCad 自带的 ADA4841-1 兼容,可以直接修改型号调用	SOT-23-5,KiCad 库自带	KiCad 库自带
3.3～5V LDO	MIC5504-3.3	KiCad 库自带	SOT-23-5,KiCad 库自带	KiCad 库自带
5V～−5V 电荷泵	LM2776	KiCad 库自带	SOT,K-23-6iCad 库自带	KiCad 库自带
16MHz 晶体振荡器	25×20	KiCad 库自带	KiCad 库自带	KiCad 库自带
射频插座	MMCX 直立插座	KiCad 库自带	KiCad 库自带	KiCad 库自带
电阻/电容	0603 封装的器件	KiCad 库自带	KiCad 库自带	KiCad 库自带
USB 接头	USB_Micro-B_Molex-105017-0001	KiCad 库自带	KiCad 库自带	KiCad 库自带

由表 6.2 可见,多数的元器件在 KiCad 官方带的元器件库里都能够找到,只是要能够找到合适对应的。实战项目的原理图符号和封装如图 6.9 和图 6.10 所示。

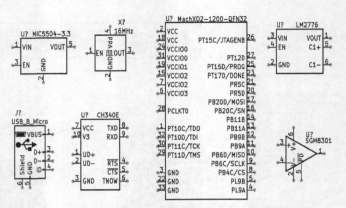

图 6.9　实战项目中的主要元器件原理图符号

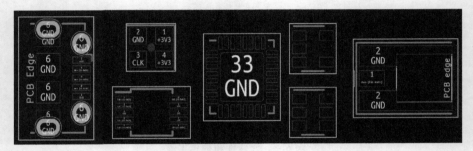

图 6.10　实战项目中的主要元器件的封装

第 7 章

用原理图来构建电路连接

7.1 原理图是用来干什么的

在 PCB 设计的第一步,即动手开始画原理图之前,我们要先知道原理图是什么? 应该画成什么样子? 我相信大多数工程师的日常工作中会经常阅读别人画的原理图,例如拿到一个开发板,准备使用的时候一般先要阅读这个开发板的用户手册(User Manual)。其中,会有板子的功能框图,了解这个板子的使用方法、功能,以及对外如何连接、如何对其性能进行测试等。

但多数情况下仅有用户手册是不够的,这些板子一般都会配有原理图(大多是 PDF 格式的),根据原理图就可以知道板子上每个信号的走向、元器件之间的连接、对外的连接等。很多参考设计也会提供详细的设计文档,包括 PCB 设计工具能够打开的原理图、PCB 版图源文件,我们可以参考这些设计文档进行裁剪、调整,用于自己的设计中。

阅读原理图的用户可以是设计过 PCB 的工程师,也可以是没有做过任何 PCB 设计的软件开发人员、测试工程师等,即使没有硬件经验的人也可以通过原理图弄清楚电路的基本构成及关键信号。就如同你不是一个地图绘制者,但你到一个新的城市买一份当地的地图,就可以根据这张地图找到你要去的地方。

原理图是我们设计、构建和排除电路故障的"地图",了解如何阅读和理解原理图是电子工程师的重要技能。

同时我们也要从中看到很重要的一点:你画的原理图一定要让只有基本的电路知识,但没有做过 PCB 设计的人也能够看得懂,这是我们后面要讲述的原理图设计的重要原则。可惜的是,在接触硬件工程师时发现,只有极少数的人把这点放在重要的位置上,而多数工程师只是按照自己的想法或图自己方便进行设计,导致画出来的电路图不仅别人看不懂,自己阅读起来也很困难。

我们就来看看原理图是如何构成的,如何才能准确理解原理图,什么样的图才是一个好的原理图设计。

先看一个实际的产品——Hackaday 团队制作的 Cube,图 7.1 为最终的产品图片,外壳里面就是已经安装好元器件的 PCB。

图 7.1 Hackaday 团队制作的 Cube(方块)实物

它的功能框图如图 7.2 所示,功能框图是在画原理图前非常重要的一个步骤,根据系统的设计要求先规划实现的方案,确定都有哪些功能块,各个功能块之间的连接关系,并定义好每个功能块需要实现的功能、达到的技术指标。

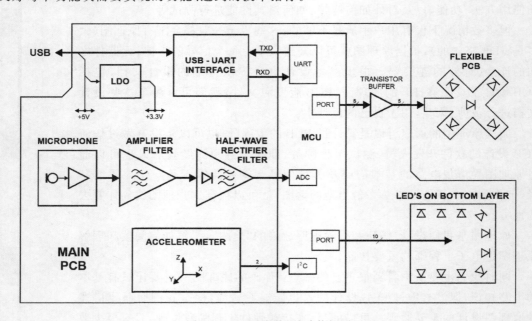

图 7.2 Cube(方块)的功能框图

　　基于方案框图,进行元器件的选用,然后参照每个元器件的数据手册绘制详细的原理图,在原理图中每一个元器件的引脚都是准确和完备的,元器件之间的电气连接也要做到准确无误,因为这是下一步 PCB 布局、布线的前提。图 7.3 为 Cube 的原理图,从这里可以清晰地看到这个设计都用了哪些元器件,每一个元器件是如何跟其他元器件进行连接的。如果你对这个电路图中的每个元器件的基本功能都有所了解,就能清晰地理解这个产品的构成及每根信号线上的信号特性。

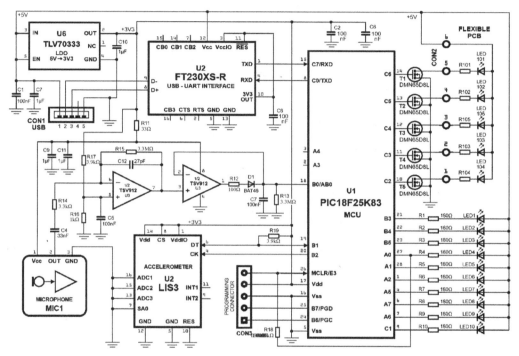

图 7.3　Cube(方块)的原理图

7.2　原理图构成

　　图 7.3 原理图是不是很像一个"城市的地图"? 看看它是如何组成的。

1. 元器件是构成电路图的主要部分

它主要由以下部分构成:

- 元器件符号,即表征每个元器件的 Symbol。
- 元器件编号,同一个值的元器件或同一个型号的元器件在一个电路上可以有多个,每一个元器件都有一个独立的编号,便于识别。同一种类型的元器件以共同的前缀(第 6 章讲到的参考标识符)进行编号,如所有的电阻都以 R(Resistor)开始,例如 R1,R2,…,R40;所有的电容都以 C(Capacitor)开头,三极管以 T(Transistor)开头进行编号;而集成电路,可能是不同功能的元器件,多数都以 U(Unit)开始。

要记住这些"潜规则",可以帮助你识别电路板上元器件的功能,因为在 PCB 上一般都保留编号信息;当绘制原理图的时候也要遵守这些"潜规则",否则读这份原理图的人会产生误解。在原理图绘制的时候可以直接将每个元器件(Symbol)放置在图纸上,先不用管它们的具体编号,等所有的元器件放置完毕,原理图设计完成以后再来执行一次批量"标注"(Annotate),CAD 工具就会自动按照某种规则将原理图中的所有元器件进行编号,如图 7.3 右下侧所示的 R1~R10。

- 元器件的名字和"值",每个元器件都有其名字,一般是元器件的型号,例如图 7.3 中的 MCU,其型号为 PIC18F25K83,连接在其 C2、C3、C4、C5、C6 引脚的 MOS 管的名称为 DMN65D8L。注意图中的电阻、电容等都没有具体的型号,只是用它的"值"来标记,例如 1μF 的电容,因为这些元器件是最常规的通用元器件,有很多厂商的很多型号都对应于同一个值,可以有多种替换,因此这些元器件的型号不需要单独标出。

- 一个元器件分为多个符号,随着集成度越来越高,一些关键的元器件(如 MCU、FPGA 等)都有很多引脚,内部的功能也很复杂。一个元器件需要拆分成多个符号,在一张图纸上,属于同一个元器件的符号编号都是一致的,例如图 7.3 中的 U3 就用了两个相同符号来显示同一个元器件(运算放大器 TSV912),在阅读图纸的时候遇到这种编号,要意识到这只是整个元器件的一部分。

2. 元器件引脚之间的电气连接 net

在原理图中,引脚之间的电气连接线无论有多少个引脚,只要连接在一起,它们都被定义为一个 net。例如图 7.3 中 U2 的第 1 个引脚和 U1 的第 15 个引脚通过一根线相连,这两个引脚之间的连接被称为一个 net,如图 7.4 所示。这些 net 可以用直接的连线(wire)来体现。即使不给它们起名字,PCB 设计工具也会给每一个不同的连接自动标记一个独一无二的名字(net name),以便产生网表并为下一步的布局、布线使用。如果在这些连线上或者引脚上为某个 net 标注了名字,例如图 7.3 中的+5V,则所有用这个+5V 标注的引脚以及标注了+5V 的连线都会连接在一起。

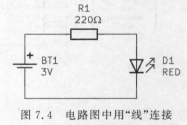

图 7.4 电路图中用"线"连接元器件引脚

因此有两种方式来完成引脚之间的电气连接:

(1) 直接用连线将所有相关的引脚连接起来。

(2) 通过给每个引脚标注相同的 net name,即使它们之间没有用连线进行连接,系统也会将它们连接到同一个 net。

在一些元器件很多、引脚很多,直接连线困难的设计中,仅使用 net name 标注而不用连线会让你的连接变得简单,不需要每个 net 都以连线的方式来体现,但带来的问题就是出错的概率会大大提高。毕竟用文字和各种数字组合的 net 容易产生拼写错误,而有的拼写错误就连 PCB 设计工具和人眼都无法识别出来,从而导致最终的设计错误。另外其他读原理图的人理解起来也比较困难,尤其是由多个页面组成的设计,因此建议大家尽可能避免这种方式,不要滥用,除非迫不得已。

即使是复杂的、很多信号连接的设计,也尽可能通过调整原理图符号中的引脚排列,通过直接的连线将这些元器件连接起来而不是仅靠 net name 来标注,要知道在前面的工作中花的时间越久,最终的效率就越高。

在实际的电路板上,元器件之间需要靠有一定厚度、宽度、长度的"导线"进行连接,这些导线有不同的阻抗特性以及载流能力,而这些电气连接在原理图上都以元器件引脚之间连线的方式体现,在原理图上的连线是没有任何阻抗、电流限制的连接,如图 7.5 所示。net 连接图如图 7-6 所示。

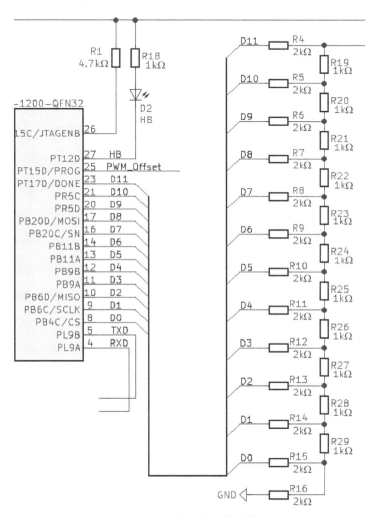

图 7.5　连线上的网络名字

3. 交叉点和节点

电线可以将两个端子连接在一起,也可以连接数十个端子。当导线分成十字方向时,会形成一个连接点,原理图上的连接点不用在连线的十字交叉点处放置节点,如图 7.7 所示。无节点的连接交叉如图 7.8 所示。

节点为我们提供了一种方式来说明"穿过这个十字交叉点的电线是连接的"。没有交叉节点,意味着两条单独的线路正在经过,而不是形成任何类型的连接(在设计原理图时,通常很好的做法是尽可能避免这些非连接重叠,但有时这是不可避免的)。

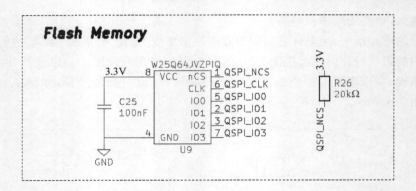

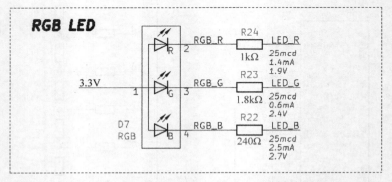

图 7.6　直接用 net 连接，绘图方便但容易出错

图 7.7　原理图的连接示意

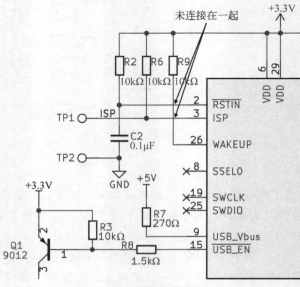

图 7.8　无节点的连线交叉图

4. 原理图相关的其他信息

除了主体的以元器件、连线构成的原理图外,一般在原理图页面的右下方还有一个信息框需要填写,多数工程师可能会忽略这一部分,但规范化的设计要求这一部分的信息也要尽可能完整地填写好,如图 7.9 所示。

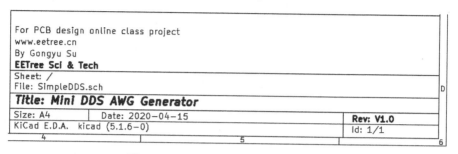

图 7.9 原理图页面右下角的项目信息

原理图完整信息包括:

- 原理图的命名/标题。阅读起来就知道该原理图是做什么的名称。
- 原理图的分页。如果是多个页面构成的原理图,页号一定要标记好,以便在最顶部的系统连接图以及每个页面的端口连接时不会出现错误。
- 制作单位/制作人。将设计师姓名写好,知道作者是谁。
- 绘制的时间。这个信息也很重要,时间节点描述各种项目的完成节点。
- 版本号。任何设计工程师都很难一版就搞定一个设计,因此会出现多个不断演进的版本,多个演进版本的原理图和 PCB 版图以及最终加工的电路板要一一对应,这就需要它们都有相应的版本号信息。如果你拿着 V1.6 版本的 PCB,对照着 1.5 版本的原理图和 1.3 版本的 PCB 版图,调试起来会有问题。KiCad 中的设置界面如图 7.10 所示。

图 7.10 KiCad 中的设置界面

7.3 什么才是一个好的原理图

1. 可读性：方便阅读、理解并能够正确使用，减少由于错误理解导致的设计错误

- 给其他人阅读。从逻辑上理解电路的构成、工作原理，所有的元器件的符号要符合人们的阅读常识，让人一眼就可以辨识出什么是电阻、什么是运放、什么是 USB 接口、什么是晶振。
- 给机器阅读。CAD 工具自动产生网表，用于后期的布线，如果机器阅读错误，会影响到后面的 PCB 布线。
- 给自己阅读。能够迅速发现设计中存在的问题，并修正；在调试 PCB、检查设计中存在的问题的时候，要能迅速定位元器件。
- 原理图和物理上的板卡没有直接的对应关系，可以根据信号流程以及我们的阅读习惯摆放元器件符号并进行电气连接。

2. 项目相关信息的完整标注

项目相关信息如下：

- 项目名称。
- 单位。
- 绘图人。
- 版本号。
- 时间。

3. 信号流程要规范化

规范化包括：

- 符合人们的自然阅读习惯。
- 先放置核心器件。
- 在早期的设计中，关键信号要放置方便观测的测试点（Test Point）。
- 标号、值（Comment/Value）标注清晰。
- 关键器件的关键信息加以说明，例如电阻的精度、电容的耐压值等。
- 在 PCB 布局布线的设计中，需要特别注意的地方要进行标注。
- 不宜放置太多不必要的信息，增加阅读困难。

4. 信号的连接

信号的连接要注意：

- 尽可能不用 net name 来替代连线，尽可能不要用区块来强硬割裂。
- 可以调整元器件原理图符号上的引脚排列位置，使得元器件之间的连接便捷、直观。
- 元器件的摆放要符合阅读人的阅读习惯。

5. 其他要点

- 容限大的电阻、电容值，封装尽可能统一，以降低总体成本。
- 靠近某些引脚的关键器件（去耦电容、匹配电阻）需要在电路图上体现，并尽可能用文本标注。

- 字体、字号排放位置要统一,保证较强的可阅读性。

6. 多页层级设计

多页层级设计注意事项如下:

- 复杂的原理图要分页绘制,每个页面都能体现电路独立、完整的功能,且有一个综合的系统连接框图,让读者一目了然。
- 每个 EDA 软件的使用方法不同。
- 确保页面之间的连接规范、对应。
- 可以通过功能划分模拟、数字、电源、时钟。

图 7.11 就是用层级方式绘制的"低成本 DDS 信号发生器"电路原理图的顶层页面(图中的每个模块单击后还会显示详细的原理图页面),通过三个"模块"将电路分为了三部分。

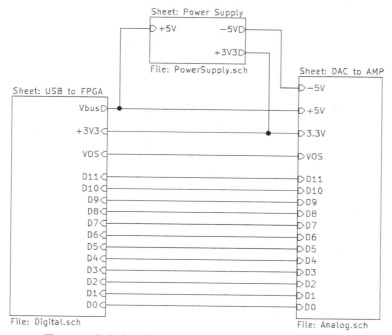

图 7.11 复杂多功能电路的层级设计举例(用 KiCad 绘制)

(1)电源部分。输入+5V,通过电荷泵产生−5V 的直流输出;通过 LDO 产生 3.3V 的直流输出,其中−5V 直流供给"模拟部分"模块,3.3V 则供给数字部分和模拟部分。

(2)数字部分。USB 接口、FPGA、时钟电路等都在这个模块内,其输出 12 位的数据给模拟部分,命名为 VOS 的 PWM 信号给模拟部分。由于 USB 连接器也在这个模块内,这个模块会输出+5V 的电压(端口名称为 Vbus)给电源部分以及模拟部分,同时其接受电源部分产生的 3.3V 电压供内部的器件工作。

(3)模拟部分。R-2R DAC 网络、低通滤波器、运算放大器、PWM 转直流电压等都在这部分,此模块接收数字部分送来的 12 位数据信号、PWM 信号,以及从电源部分送来的 3.3V、−5V 直流电压,其运放用的+5V 电压则来自数字部分的 USB 端口。

从上面的示例可以看出,层次结构的图类似系统框图,可以让结构变得非常清晰,每个页面的电路功能比较容易归类,电路不必太拥挤。重要的是在有重复电路的情况下,只需要画一个页面,以模块的方式被调用多次就可以轻松实现电路功能,绘制和维护的效率都会大大提升。

7.4 原理图的绘制流程及要点

原理图的设计流程如下(对于任意一种 CAD 工具设计流程都是一样的)。

(1) 创建工程和文件。

(2) 设置图纸大小:根据图纸的复杂程度、各元器件的原理图符号,一个设计可以采用多页设置(一般 A4 大小比较合适)。

- 根据电路的复杂程度选择 A4、A3,便于打印、阅读。
- 可以分成多页,每个页面为独立的部分,如处理器、电源、存储、网络接口、视频等。
- 设定合适大小的格距(Grid)。最好与原理图符号的格距一致。

(3) 设置文件环境:格点大小、格点属性、光标属性、电气格点属性、图纸颜色等。

(4) 加载元器件符号库:如果有已经构建好的符号,则直接加载使用;如果没有,则依照数据手册进行构建。

(5) 放置元器件:按照信号流程合理化放置,可以翻转、旋转放置,方便连线、清晰理解。在第一版的设计中最好在关键的信号线上放置测试点,以便调试的时候使用仪器能进行观测。

(6) 原理图连线:减少交叉,尽量少用或不使用文字形式的 net 进行标记。

(7) 调整修改原理图:网标有没有重复、错误的连接,如虚连接。

(8) ERC 检查(电气规则检查):电气连接上的错误,产生的报告会有 Warning(警告)和 Error(错误)两种。虽然 Warning 不是错误,但也不要忽视任何一个 Warning,认真修正每一个空悬的引脚,修改每一个错误连接的连线。

(9) 报表输出:产生用于后面布局、布线的网表(Netlist)(生成以后最好将 Netlist 打印出来,对照打印出来的原理图,对每一个器件的引脚、每一根器件之间的连线进行检查),用于采购元器件的 BOM 清单。

(10) 文件输出:保存、备份,导出到 PDF 或其他格式并打印。

7.5 总结

原理图是 PCB 设计的重要一环,它基于构建好的元器件符号,按照电路的工作原理将这些器件的相应引脚用连线连接起来。保证连接的正确是非常重要的,同时原理图的设计也要规范:让其他人也能看懂设计、让 CAD 工具能正确设计原理图(产生正确的 Netlist 供后续的布局布线)、让设计者本人容易检查出现的问题。

7.6 实战项目:"低成本 DDS 任意信号发生器"的原理图说明

图 7.12 是本实战项目的原理图,采用 A4 图纸,图纸的右下角标注了该项目的相关信息。由于电路比较简单,在一个 A3 页面中就能轻松放下,为阅读、维护方便,未采用层级方式。

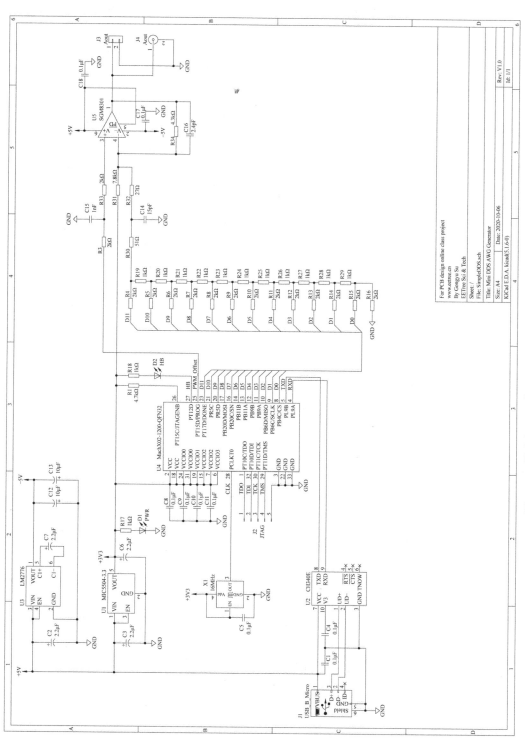

图 7.12 低成本 DDS 信号发生器的原理图（单页模式）

元器件的排列按照左面数字信号输入、右侧模拟信号输出的信号流来设计。输出的模拟信号以两种方式连接：①可以用杜邦线连接的间距为 2.54mm 的插针；②可以用射频线连接的 MMCX 插座。

在板子上放置了两个 LED，一个用于指示 3.3V 电压的状态；另一个用 FPGA 的一个引脚驱动，可以通过编程 FPGA 的方式以"心跳"的形式指示 FPGA 的工作状态，这也是电路板上常用的状态指示方法。

在关键的一些连接上，即使已经通过"连线"将相应的引脚连接起来，但同时也要对它们标注明确的 net name，例如 CLK、HB(意指 Heartbeat-心跳的意思)、PWM_Offset 等，以方便其他人读图的时候对电路原理图和每根信号线的功能容易理解。

第 **8** 章

布局——实际排列位置很重要

    PCB 上元器件的布局是 PCB 设计过程中最耗时、最难的一步,因为它要兼顾方方面面。这一章先来梳理在元器件布局的过程需要考虑到的一些重要规则。布局示例如图 8.1 所示。

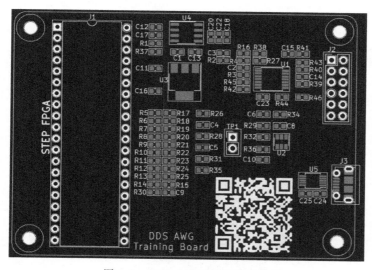

图 8.1　PCB 上元器件的布局示例

8.1　元器件布局的核心要点

    有些工程师在元器件布局没有确定的时候就开始布线了,结果发现布局不合理,再重新调整布局的时候前期的布线全部作废。因此布局这一关一定要多花时间,并且确保所有的细节都考虑清楚,所有相关人员都已经认可布局以后再开始布线。布局做好后,布线就变得简单,很快就能搞定。如下是总结

的一些 PCB 布局要点:

(1) 不建议自动布局,几乎没用。

(2) 未完成布局,尽量不要布线,直到相关人员完成布局并确认以后,再开始下一步。

(3) 元器件的摆放要综合考虑如下因素:机械结构、散热、将来布线的方便性、电磁干扰、可靠性、信号完整性、主次顺序。

(4) 元器件的摆放在保证关键器件的位置需求后,还要考虑到布局的规整、板卡的美观,尤其是无源器件的排列方向。

(5) 布局完成以后可以对设计文件及有关信息进行返回标注,并标注在原理图中,使 PCB 中的有关信息与原理图信息一致。

(6) 器件编号/名称的摆放位置应规则、易读、风格统一。

8.2 元器件布局的步骤

1. 根据结构要求

很多电路板是被规定了外形尺寸和连接要求的,因此首先要先考虑到结构方面的需求,选定适当的尺寸大小,以及确定好关键接插件的位置。先确定外观和关键连接器的位置如图 8.2 所示。

图 8.2 先确定外观和关键连接器的位置

(1) 根据需要划定外形轮廓,根据与外界的连接要求放置连接器。

(2) 机械结构方面:外部接插件、显示器件等的安放位置应整齐,从 3D 角度考虑,PCB 内部接插件应考虑总装时机箱内线束的美观,较重元器件应该分散放置。

(3) 散热方面:散热器、风扇与周围的电解电容、晶振等怕热器件隔开;竖放的板子、发热器件放在板子最上面,双面放器件时底层不放发热的器件。

（4）电磁干扰方面：高频器件、EMI要特别考虑。如预留保护地线的走线空间，注意总线信号的成组分布，微小信号的抗干扰隔离带的空间和保护，差分信号的成对出现。

（5）设计禁止布线层和机械结构：如物理尺寸、定位孔/安装孔的位置、接插件的位置、禁止布线层的位置，标准板可调用现有的向导。

（6）无物理限制的板卡尺寸设定。

对于没有限制外形的实验板，板子的尺寸、器件的排列等如何确定？考虑的要点如下。

① 板子尺寸大小适中。

- 过大：线条长、阻抗增加、抗噪声能力下降、成本增加。
- 过小：散热不好，易受临近线条干扰。
- 整体美观：布局均衡、疏密有致。

② 成本。

- 板子的层数：根据尺寸、性能要求和器件的封装决定。
- 单板的面积：大小适中、加工方便。
- 加工成本：是否能拼板，加工的数量。

2. 按照功能分割区块

一旦确定了外形和关键接插件的位置，下一步就是划分功能区，例如模拟/数字、高速/低速、大功率/小信号等，如图8.3所示。不同功能区的电路不要混在一起，否则会造成干扰。

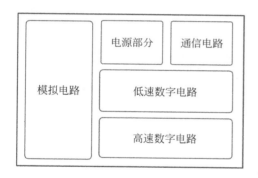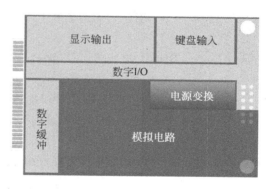

图 8.3　按照功能在 PCB 上划分区域

- 功能模块分区：功能、类型、连接关系分区；模拟/数字、高频/低频、大功率/小信号分区。
- 不同功能区块的供电/接地可能不同。

通过网表加载元器件封装；摆放关键器件。

功能区大致划分好以后，根据这些功能区将关键的器件先放置到位，例如 MCU、FPGA、ADC/DAC 等关键的器件。暂时不要处理这些关键器件的周边器件，例如电阻、电容等。元器件放置图如图8.4所示。

- 单面板：元器件一律放置在顶层。
- 双面板：元器件一般放置在顶层，元器件过密时把高度有限、发热量少的器件（贴片阻、容、IC）放底层。

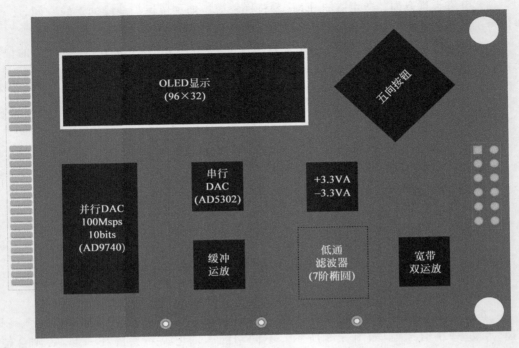

图 8.4 将关键元器件放置到合适的位置

- MCU：注意 MCU 和周边辅助电路及其他芯片的联系，注意时钟线引脚以及晶振的放置位置。
- FPGA：引脚多、连线多，可以根据实际情况调整 FPGA 引脚的分配。如果你的 PCB 上有 FPGA 器件，那就非常幸运了，因为 FPGA 的多数引脚是可以灵活配置和重新分配的，可以根据你布局、布线的情况重新调整 FPGA 和其他器件的连接，让布线更方便。要记住的是 PCB 和原理图中的连接一定要同步、一致。

摆放关键器件的注意事项如下：

(1) 充分利用 FPGA 的 I/O 引脚可编程配置的优势。

(2) 根据 PCB 的布局，调整原理图的连接和原理图符号库的引脚排列。

(3) 专用引脚不可动，如时钟信号、JTAG 等。

(4) 注意同一组 I/O 引脚的一致性属性，例如 LVDS。

(5) 认真阅读数据手册。

(6) 适用于 I/O 引脚可灵活配置的 MCU。

- 混合型器件（ADC、DAC）：数字信号和模拟信号有各自的布线区域，同时考虑到器件方向的一致性，将混合器件放在数字和模拟布线区的交界处。
- 热敏器件和发热器件之间有适当的隔离，对热敏感的元器件一定要远离容易产生热量的器件。热电偶和电解电容对热都比较敏感，将热电偶靠近热源将影响温度测量的结果；将电解电容靠近发热元器件会缩短其使用寿命。产生热量的元器件主要有桥式整流器、二极管、MOSFET、电感器和电阻器。热量的大小取决于流过这些器件的电流。功率器件散发的热量也会影响到焊盘、器件内部的连接等，因此三级管最好要远离功率器件。用以测量环境温度的温度传感器在 PCB 上也要远离发热的功率器件,以避免器件的热量影响到实际的测试结果,从而导致测量结果失效。

3. 摆放周边器件:性能、美观

等关键的元器件布局好后,就可以将分立的器件围绕着核心器件放置,但一定要注意一些关键器件,例如去耦电容、匹配电阻、时钟等器件的位置。摆放了所有元器件的 PCB 如图 8.5 所示。

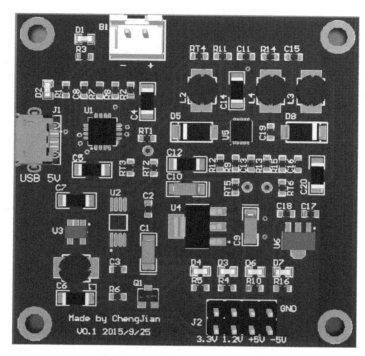

图 8.5　摆放了所有元器件的 PCB

另外,器件的摆放一定要美观,并符合人们的阅读习惯,方便后面的调试。

注意事项如下:

(1) 注意数字、模拟信号的区别,数字和模拟元器件以及相应走线应尽量远离,并限定在各自的布线区域内。

(2) 注意元器件与 PCB 边缘的距离,所有的器件均放置在距 PCB 的边缘 3mm 以内或至少大于 PCB 板厚。

(3) 特殊元器件要求:BGA 器件半径 2mm 范围内不能有任何器件,晶振下面最好不要有信号走线。

(4) 信号的测试点放置在观测仪器测试方便的位置,不影响信号质量,接地点要方便探头的连接。

(5) 布线要求:分布密度适当,保证布线空间但不宜走线过长,会增加信号延时;去耦电容、匹配电阻注意摆放位置。

(6) 可安装性和可焊接性,器件的排列方向、波峰焊方向、焊接面元器件的高度等要特别留意。

4. 布局的检查

完成的每个步骤都要认真检查,确保没有任何遗漏的地方。一定要打印出 PCB 图纸,并同实物进行比较验证,计算机屏幕上看到的外观很难有真实的空间感受。打印出 PCB 图纸并仔细检查就能够看到很多在计算机屏幕上无法发现的问题。

(1)打印检查:用实物验证。

(2)是否符合 PCB 制造工艺要求,有无定位标记。定位接插件要精确定位。

(3)元器件在 2D、3D 上不要有冲突,注意器件的实际尺寸,尤其是高度。在焊接面布局的元器件,高度一般不超过 3mm。

(4)是否疏密有致、排列整齐、布局完整。

(5)需经常更换的器件是否方便更换?插件板插入设备是否方便?

(6)PCB 的布线原则:最短路径,减少干扰。

小脚丫 FPGA 的扩展板示例如图 8.6 所示。

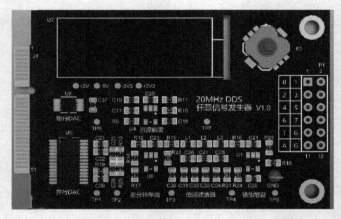

图 8.6　小脚丫 FPGA 的扩展板示例

8.3　总结

PCB 的正确布局非常关键,不仅要基于外部连接的需求,对一些重要器件进行摆放,更要考虑到不同性质的电路之间的相互影响。良好的布局对于后面的走线也有很大的帮助。在确定好布局之前不要着急开始布线,要召集相关的技术人员进行详细、全方位的检查,确保所有的器件放置在合适的位置上,再开始连线。

8.4　实战项目:"低成本 DDS 任意信号发生器"的元器件布局

这个项目没有具体的外形尺寸的要求,因此设计者自我发挥的空间比较大,但还是要根据一些实际的情况来确定器件的摆放:

· 为满足 PCB 厂商优惠打板的要求,尺寸要控制在 10cm×10cm 以内。

- 给板子进行供电和通信的 USB 插座要放置在板子的边缘。
- 用于输出 DDS 模拟信号的插座要放置在板子另一侧的边缘。
- 用于给 FPGA 进行编程的 JTAG 插座最好位于板子的边缘位置,且靠近 FPGA 芯片,便于后面的走线。
- 本项目中有数字电路、模拟电路,可以大致分为两部分,例如左侧为数字部分(从 USB 输入到 FPGA 输出)、右侧为模拟部分(从 DAC 输入到模拟信号输出),相关器件按照这个信号流程进行排列。
- 为模拟运算放大器供电的 5～—5V 的电荷泵变换器放置在靠近模拟运算放大器的附近。
- FPGA 的晶振靠近 FPGA 的时钟输入引脚。
- 每个器件电源上的去耦电容靠近相应的电源引脚。
- 电阻、电容器件规整摆放,方便后期布线美观。

低成本 DDS 任意信号发生器的元器件布局如图 8.7 所示。

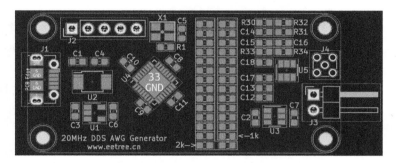

图 8.7　低成本 DDS 任意信号发生器的元器件布局

10MHz DDS 任意信号发生器的元器件布局 3D 效果如图 8.8 所示。

图 8.8　10MHz DDS 任意信号发生器的元器件布局 3D 效果图

第 **9** 章

布　　线

完成了元器件的布局，就可以开始这些器件之间的引脚连线了，即 PCB 布线。讨论 PCB 布线的文章很多，各种知识点、技能点的技巧文章分布在网上，但核心其实就 3 点。

（1）要实现原理图中所要求的功能。让工厂能够以最佳的性价比加工出合格的 PCB，工程师或者 PCBA 厂商能将元器件方便地安装在板子上，调试成功。

（2）要保证系统需要的性能。太多不同的信号，包括高速数字信号、对噪声敏感的模拟小信号、大电流的电源供电等，要保证系统的性能必须让每个器件的"能源供应"充裕，让信号和信号之间和睦相处、互不干扰。电流产生电、磁场，如何让每个信号线之间的电磁场串扰（Crosstalk）降到最低？因此才会有接地、阻抗匹配、电源去耦、大面积铺地、相邻两层垂直走线等设计要求。这些处理都是为了避免电磁干扰，只有从这个本质出发才能够彻底解决 PCB 上的所有问题。

（3）要直观、美观。PCB 也是给其他人观看的，不仅自己觉得是赏心悦目的作品，更重要的是当自己调试，其他人测试、安装和使用体验的时候，能直观看到板子上所有的器件及其说明。同时，丝印的放置和设置也很重要。

下面我们先来讲解 PCB 布线的主要步骤和流程。

9.1　了解 PCB 制造厂商的制造规范

就像一个城市规划道路一样，不能天马行空、随心所欲地规划，一定要根据实际的情况来规划每条路径。如果道路太窄，则无法承载需要的车流、人流；如果道路太宽则会占用太多的资源，而且道路的铺设受限太多，要考虑到实际现状、铺设能力等。在 PCB 上布线也是一样，你不仅要完成原理图上每根信号线的连接，还要考虑这样的连接在加工厂中是否能够生产出来？设计是需要 PCB 加工厂来实现的,因此每个人的设计不能超出 PCB 加工厂商的能力范围,所以在布线之前要跟 PCB 厂商联系,了解他们的制造能力和规范。我们获得的服务质量与付出的代价是成正比的,要根据预算和项目的实际情况选择需要的服务。PCB 厂商能完成的生产精度,会直接影响到 PCB 上的线宽、孔径、线间距等的精度设定。不了解这些信息,你设计出来的板子就无法加工,或者加工出来的板子会出现一系列的问题。

基于 PCB 制造厂商的规范,设定你的布线规则(Design Rule),CAD 软件会根据设定的规则进行设计规则检查(Design Rule Check,DRC),在布线的过程中有任何违反规则的地方都无法操作,即使能勉强操作,工具也会给出提醒。

9.2 确定板子的层数并定义各层的功能

注意事项如下:
- 高速/低速、模拟/数字、阻抗的不同功能要求。
- 器件的封装及散出。
- 抗干扰、可靠性的要求。
- 成本预算。

一旦确定了需要的层数,就可以定义各层的功能,并在设计 CAD 软件的界面中关闭不需要使用的层,以防对你的设计引起干扰。

PCB 的层数直接与成本相关,就像高速上的车道多少一样,对于同样的电路设计,4 层、6 层能达到的性能自然会比双层板高,且更容易布线,但成本也很高。4 层板的成本不只是两层板的 2 倍,要贵很多,这要根据实际的项目需求以及选用的器件来决定。

9.3 设定布线的规则

1. 线宽

设定的线宽不能比加工厂需要的线宽窄,对于需要提供大电流的走线要设定更宽的线宽,但太宽的线会导致布线困难;PCB 上的铜线是有阻抗的,也就意味着在电路图上的每一根连线在实际的板子上都会有电压降、功耗,电流流过的时候也会有温升。走线的阻抗与走线的长度成正比、与走线的截面积(宽度×厚度)成反比,PCB 设计工程师通常利用走线的长度、厚度和宽度来控制其阻抗。我们可以借助"PCB 走线宽度计算器"来确定走线的厚度和宽度,如果你的板子空间足够,布线很轻松,不妨使用较宽的走线,因为在不增加成本的情况下可以获得较低的阻抗。

如果你的板子是多层的,外层上的走线肯定会比内层的走线温度更低,因为内层的热量必须通过内部走线、过孔、材料层等较长的路径才能将热散发掉。

2. 线间距

线间距是相邻走线之间的最小间距,如果实际的走线小于这个线间距,那么加工出来的板子有可能导致这些线间短路。

KiCad 里自带的 PCB 参数计算器如图 9.1 所示。

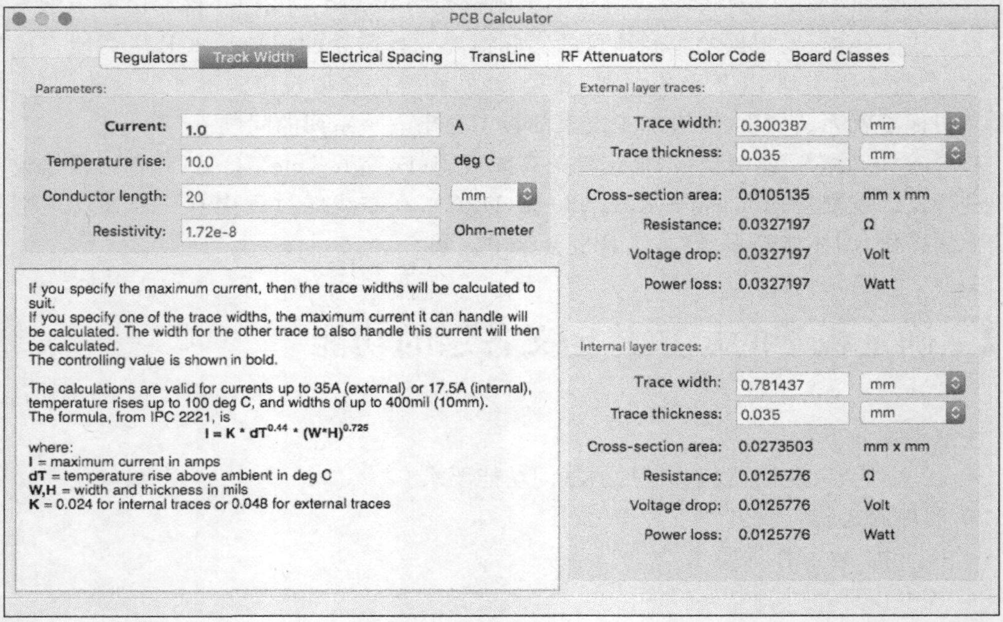

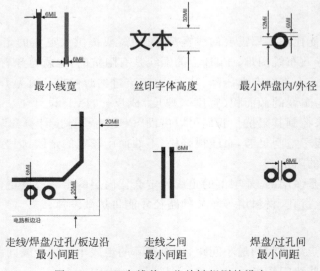

图 9.1　KiCad 里自带的 PCB 参数计算器

3. 过孔的形状和孔径(内径、外经)的大小

元器件引脚之间的连线要尽可能在同一层内实现,但多数情况下不可避免会有跨层走线,这就需要过孔进行跨层连接。过孔的形状和孔径的大小也要根据板子的实际性能要求,以及加工厂的要求来设定,孔径太小会导致加工出来的过孔不通;孔径太大会导致板上其他走线困难,高速信号的传输也会出现性能问题,对于导热用的过孔也要满足导热的需要。

PCB 布线前一些关键规则的设定如图 9.2 所示。

最小线宽　　　　　丝印字体高度　　　　最小焊盘内/外径

走线/焊盘/过孔/板边沿　　走线之间　　　　焊盘/过孔间
　　最小间距　　　　　　最小间距　　　　　最小间距

图 9.2　PCB 布线前一些关键规则的设定

4. 安全距离

彼此之间保持一定的距离,这样在生产加工的时候才不会因为加工精度的限制出现不该有的短路现象,主要包含以下部分:

- 走线和走线之间的距离。
- 走线和孔径之间的距离。
- 孔径和孔径之间的距离。
- 走线/孔径和板卡边沿之间的距离。

在开始布线之前,就要在 CAD 工具的设置界面中先把这些配置好,这些信息需要向 PCB 加工厂事先了解。

9.4 换层走线及过孔的使用及设置

在布线的时候有两个重要的元素:一个是走线(Track/Trace),就如同我们走的马路;另一个是过孔(Via),就如同我们要从马路一侧到另一侧的过街天桥或地下通道。在这里讲了几条重要的放置原则,对照地下通道的功能就可以理解对过孔的要求了。

过孔的选择原则如下:

- 从成本和信号质量,综合考虑进行选择。
- PCB 上走线尽可能在同一层,如果需要换层走线,就要用到过孔。但最好避免使用不必要的过孔,元器件布局的时候尽可能规划好,以减少走线的交叉。
- 高速数字信号线(尤其是时钟线)尽可能避免跨层走线,减少过孔对信号的反射和干扰。
- 电源和地的引脚要就近放置过孔,过孔和引脚之间的引线越短越好,同时电源和地的引线尽可能粗以减少阻抗。
- 在信号换层的过孔附近放一些接地的过孔,一边对信号提供最近的回路。
- 利用过孔进行导热。

过孔是有电感和电阻的。如果需要从 PCB 的一侧布线到另一侧,并且要求电感或电阻的值较小,就可以使用多个过孔。大的过孔具有较低的电阻,这在使用接地滤波电容和高电流节点时特别有用。可以使用"过孔尺寸计算器"来计算过孔的参数。

9.5 关键信号线走线

1. 晶振和时钟部分的布线

时钟是数字电路的核心,其信号纯净与否直接影响到系统的性能,一定要给它一个干净的环境,不要让周围的噪声影响到它,同时也不要让它高速变化的边沿影响到其他的信号。

时钟部分的走线如图 9.3 所示。

- 晶振。连到其输入、输出端的线应尽量短,最好不要有过孔,以减少噪声干扰以及分

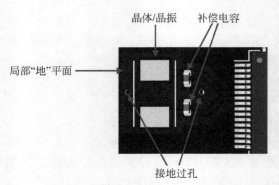

图 9.3　时钟部分的走线

布电容的影响。
- 晶振可以采用环绕敷铜,并将晶振外壳接地,以改善晶振对其他元器件的干扰。
- 尽量避免和其他信号线并行走线,且应远离一般信号线,避免对信号线的干扰。
- 应避开板上的电源部分,以防止电源和时钟互相干扰,时钟电路下面不要有电源层或地层。
- 当一块电路板上用到多个不同频率的时钟时,两根不同频率的时钟线不可并行走线。
- 时钟线还应尽量避免靠近输出接口。

2. 差分信号布线

差分信号在高速的信号传输中被广泛应用,因为其对共模信号的抑制抗干扰能力比较强,例如 LVDS 信号,它们如同马路上牵手行走的一对对夫妻,要步调一致,而且相邻的两对之间要保持一定的安全距离,否则会互相放电。
- 成对走线,尽量平行、靠近。保持差分对的两信号走线之间的距离 S,在整个走线上为常数。
- 确保 D>2S,以最小化两个差分对信号之间的串扰。
- 将两差分信号线的长度保持相等,以消除信号的相位差。
- 避免在差分对上使用多个过孔,因为过孔会导致阻抗不匹配,增加电感,必须打孔的时候,差分对的两条导线应一同打孔。

差分线的走线示例如图 9.4 所示。

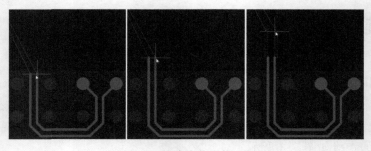

图 9.4　差分线的走线示例

差分线抑制共模噪声的工作原理如图 9.5 所示。

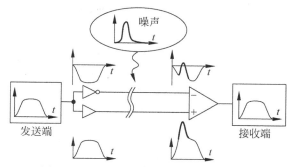

图 9.5 差分线抑制共模噪声的工作原理

3. 阻抗匹配

- 高速数字电路和射频电路，对 PCB 导线的阻抗是有要求的，低速电路可以忽略。
- 发送端阻抗＝走线阻抗＝接收端阻抗要匹配，以达到最佳的传输效果，降低反射。
- 走线阻抗要根据板材计算其宽度，走线过程中尽可能不要出现阻抗的变化，线宽要一致。
- 减少跨层走线，尽可能少用过孔。
- 注意发送端阻抗匹配——串行匹配电阻，接收端阻抗匹配——并行匹配电阻放置的位置。

阻抗匹配示意图如图 9.6 所示。

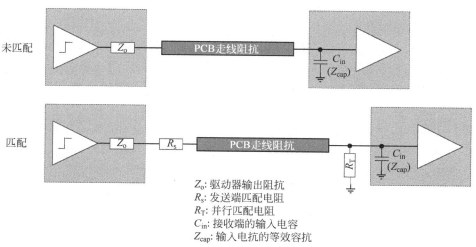

Z_o：驱动器输出阻抗
R_s：发送端匹配电阻
R_T：并行匹配电阻
C_{in}：接收端的输入电容
Z_{cap}：输入电抗的等效容抗

图 9.6 信号的发送和接收会因为传输阻抗失配导致信号反射变形

9.6 布线的一般规则

连线(Track)是为了将器件的引脚进行电气连接，连线之间最好不要产生电磁干扰。而干扰的来源是电流产生的电磁场，就如同我们生活中的马路和马路上的行车，如果两条马

PCB设计流程、规范和技巧

路靠得太近,车辆发出的噪声就会对彼此产生干扰。

一般的信号走线规则如下,如图 9.7 所示。

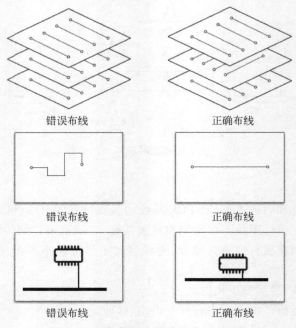

错误布线 正确布线

错误布线 正确布线

错误布线 正确布线

图 9.7 一般信号走线的基本规则示例

走线的方向:

- 输入和输出端的导线应尽量避免相邻平行走线。
- 相邻层的走线方向应成正交结构,数字和嘈杂的信号线应远离模拟信号的走线。平行的走线或者导体会构成电容,如果两根走线靠得很近,就会通过容性耦合将一根线上的信号耦合到另外一根上,尤其是高频信号。因此要尽可能将频率高的信号、噪声强的信号远离低噪声的走线。
- 避免将不同的信号线在相邻层走成同一个方向,以减少不必要的层间串扰。
- 当 PCB 布线受到结构限制(如某些背板)难以避免出现平行布线时,尤其是在信号速率较高的时候,应考虑,在不同层之间,通过地平面隔离布线层;在同一层中,通过地线隔离各信号线。
- 元器件和元器件之间的走线尽可能短且直。
- 电源及临界信号走线时使用宽线,电源线要根据电流的大小计算宽度。
- 确保模拟、数字线路相互分离,不要将数字信号线和模拟信号线并行走线,避免在 ADC 封装的下方铺设数字信号线。
- 相同属性的一组总线,应尽量并排走线,做到尽量等长。同一级电路的接地点应尽量靠近,并且本级电路的电源滤波电容也应该在该级的接地点上。

其实在多数的项目中直角走线没有显著的负面影响,只会在高速电路中有所体现(在高速传输的时候,直角或锐角走线在拐角处产生额外的寄生电容和寄生电感,影响高速信号的传输,对于低速的信号,影响可以忽略不计)。把这个技巧牢记在心,从一点一滴做起,尽量养成好的习惯。不做 90°原地走线,即便需要转 90°,也分两步走(做 45°倒角)或者来个"无级"转向(使用弧形走线),这样走线会相对光滑、连贯。

尽量不采用直角走线也是为了避免工艺上出现潜在问题。

在走线确实需要直角拐角的情况下,可以采取两种改进方法:

- 一种是将 90°拐角变成两个 45°拐角。
- 另一种是采用圆角,如图 9.8 所示。

图 9.8 对于高速的数字信号尽量避免直角走线

在 PCB 上,布线或大面积铺地要和安装孔之间留出足够的空间,以避免电击危险。阻焊层并不能做到可靠的绝缘,因此一定要注意,铜与任何安装硬件之间都需要保持距离。

9.7 铺地/电源

雨季来临,有的地方和风细雨,有的地方狂风暴雨,但积水都是不受欢迎的,我们需要将这些积水迅速排掉,通过下水管道流到地下的水网里。从这个层面理解,PCB 上为啥要有比较粗的底线(河道)、大片铺地(湖)、单独的地平面(地下水网),这样就能够理解模拟地为何要跟数字地分开,为何需要单点连接。电路板上的电源和地的大面积铺设如图 9.9 所示。

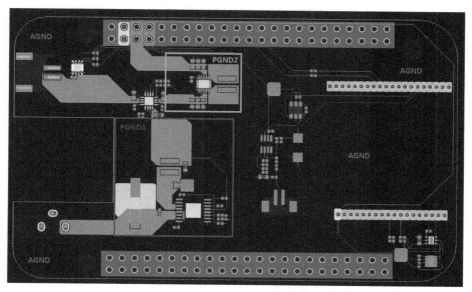

图 9.9 电路板上的电源和地的大面积铺设

注意事项如下:

- 多层板可以采用独立的地,数字信号分布在一侧,模拟信号分布在另一侧。

PCB设计流程、规范和技巧

- 最好是地线比电源线宽,它们的关系是:地线宽>电源线宽>信号线宽。
- 数字地与模拟地分开,但在一个最"安静"的点(数字信号和模拟信号互相干扰最小的点)将它们连接起来,以便它们都是 0V 直流电平。
- 用大面积铜层作地线,把没被用上的铜层都与地相连接作为地线使用,如图 9.10 所示。

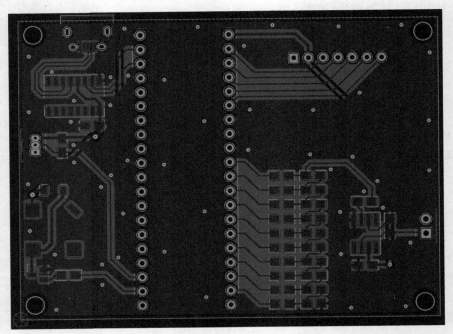

图 9.10   板上空余的空间用以铺地,会降低地线的阻抗,增强抗干扰能力

- 抑制高频干扰、降低电源或地线的阻抗,方便布线。
- 注意分割铺设的区域、设定好铺设规则。

PCB 上的"地"并不是理想的导体。要注意将嘈杂的"地线"远离需要安静位置的信号。我们要尽可能让地线足够大(阻抗尽可能小)以承载流动的电流。在信号线下面尽量铺地,以降低走线的阻抗。

电源上的噪声就如同地面上的积水,要将它们及时排放掉。去耦电容(Decoupling Cap,也称为 Bypass Cap)就如同下水道,放置远离电源的位置根本不起作用。

针对 PCB 上的供电,电源的布线原则如下:

- 电源线尽可能粗。减少环路阻抗,从而降低压降、干扰。
- 供电方向与数据、信号的传递方向相反,即从末级向前级推进的供电方式,这样有助于增强抗噪声能力。
- 采用两个电源平面分别连接所有 AVDD 和 DVDD,每个 PCB 的 AVDD 和 DVDD 引脚至少增加一个 $10\mu F$ 去耦电容。
- 在器件的 AVDD 和 DVDD 的引脚与地之间连接 $0.1\mu F$ 陶瓷去耦电容,电容须靠近器件放置,以便降低寄生电感,尽可能采用贴片电容。
- 去耦电容的值取决于器件工作的速度、负载、引脚数量、布线难度。数字电路如果有多个电源引脚,尽可能在每一个电源引脚放置一个 $0.1\mu F$ 的去耦电容,当某些电源引脚距离很近且布局困难的时候,这些电源引脚可以共享一个去耦电容。

去耦电容要尽可能靠近集成电路的"电源"和"地"引脚,如图 9.11 所示,以最大限度地提高去耦效率。电容放置得太远会引入杂散电感,从电容引脚到接地层多打几个过孔可降低电感。

去耦电容同电源和地引脚的正确连接方式如图 9.12 所示。

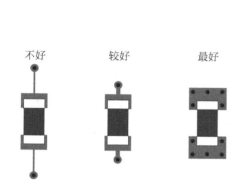

图 9.11 去耦电容的正确连接方式

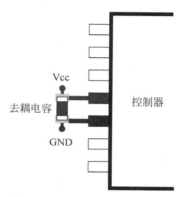

图 9.12 去耦电容同电源和地引脚的正确连接方式

9.8 使用 PCB 散热

随着器件越来越小,很多器件的"肚子"上都有一个焊盘用来散热,尤其是线性稳压的 LDO 器件,如图 9.13 所示。其无效功率为:

(输入电压-输出电压)×负载电流

无效功率都要以热的方式散掉,如果不能有效地散热,会导致一系列问题。散热最好的方式就是将"肚子"上的焊盘紧贴在该器件封装的铜上,然后再通过过孔将热量传递到 PCB 的另一面散掉。

在表面贴装元件周围放置额外的铜,以提供额外的表面积,能更有效地散热。某些元器件的数据手册中(尤其是功率二极管和功率 MOSFET 或稳压器)都会有如何将 PCB 表面区域用作散热器的使用方法指南。

过孔可用于将热量从 PCB 的一侧移到另一侧,尤其是当 PCB 安装在可以进一步散热的机箱上的散热器的时候更有用。大的过孔比小的过孔能更有效地传递热量;多个过孔比一个过孔能更有效地传递热量,并能降低元器件的工作温度。较低的工作温度有助于提高系统的可靠性。

图 9.13 器件"肚子"上的散热焊盘以及用于散热的热通孔(带热焊盘的 QFN48 封装)

9.9 检查

当布线完成以后,最重要的一步就是"检查",以确保自己的设计没有任何问题。所有的线都已经连接正确、并且没有触犯设定好的设计规则(Design Rule),最直接的检查方式就是运行 DRC(设计规则检查),每一种 CAD 工具都会有 DRC 这个功能,例如 KiCad 的PCBNew 中运行 DRC 的界面,如图 9.14 所示。

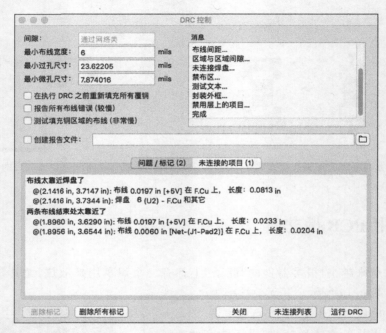

图 9.14 KiCad 的 PCBNew 中运行 DRC 得到的结果示例

即便 DRC 全部通过,也不意味着设计没有任何风险,最好的方式是对照原理图逐个器件、逐根信号线进行高亮检查(取决于 CAD 工具的功能)。

总之不要对自己太有信心、不要太相信计算机的识别能力,不要因为自己的一个疏忽导致一个月的工期延误,要把各种犯错的可能消灭掉,因此需要再检查,再三检查!

9.10 调整丝印

完成布线,并且检查完所有的连线,确保 PCB 的设计从电气连接的角度没有问题,接着就可以放手去调整丝印了。这一步非常关键,因为丝印相当于 PCB 上每个器件的安装向导、识别标识,一个好的丝印要非常直观,能让别人看得懂,并且美观。下面是放置丝印的基本原则:

- 在 PCB 上下两表面印刷上标识图案和文字代号,这些信息对 PCB 的设计者、焊接人员、测试人员、使用者都非常重要。

- 丝印要清楚、规则、整齐,归属明确、无歧义。
- 丝印的字符不能覆盖在焊盘或过孔上,同一层的丝印不能互相重叠。
- 清楚标明元器件、连接器装联的方向,极性器件如指示灯、三极管、跳塞、开关、端子、配线需要明确的极性标识,如图9.15所示。

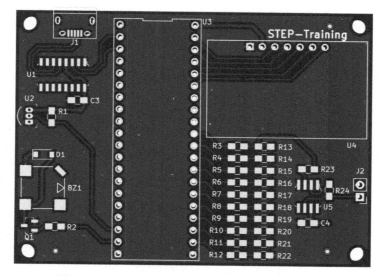

图9.15 PCB上的丝印信息一定要清晰、明确、规范

- 器件密集的区域可以将丝印字符对应、有序地放置在其他区域并加上适当标识。
- 丝印字体一般采用CAD软件支持的默认字体,可以调整字体的大小以便清晰标识响应的器件,但要注意PCB加工厂的加工精度,太小会导致加工出来的板上的字模糊不清。

9.11 实战项目:"低成本DDS任意信号发生器"的PCB布线要点

布线原则及要点如下。

在PCBNew中打开"文件"→"电路板设置",默认的设置为:

- 间距为0.1524~0.2mm。
- 普通信号线的布线宽度为0.1524mm。
- 过孔外径0.6mm。
- 过孔内径0.3mm。

在本项目中,无论是用于FPGA(低至2.7V仍可工作)的+3.3V电压,还是给运算放大器(可以低至±4.5V仍满足系统工作需求)提供的−5V电压,需求的电流都很小(10mA量级),对电压值的容忍空间很大。且无论是LDO-MIC5504-3.3还是电荷泵器件LM2776都非常靠近它们的负载,因此即便这两个供电电压的走线宽度设置成跟其他信号线一致也

PCB设计流程、规范和技巧

没有任何问题,它们到负载的压降极小。

而 USB 输入的＋5V 电压为所有电路供电的源头,电流相对较大,且会走较长的线给 LDO 和电荷泵供电,因此＋5V 的电压走线要设置得粗一些。在这个项目中将 3.3V、＋5V 和－5V 都设为 Power 类的走线,其走线宽度都为 0.4mm,如图 9.16 所示。

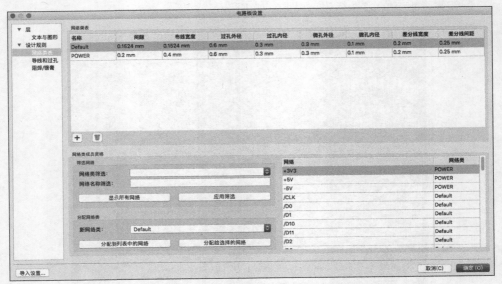

图 9.16　在 KiCad 中设置"设计规则"

由于这个项目的器件密度不高,为方便调试,将所有的器件都放置在前面的层(Front Layer),走线也没有刻意设定 Front 层和 Bottom 层的方向,只是在具体的连线的时候使得相邻层的线在相近的时候保持垂直,这样串扰最小。

最终板子的丝印将 13 个 2kΩ 的电阻和 11 个 1kΩ 的电阻的标号都隐藏,并用轮廓线将同等值的电阻标识出来,如图 9.17 和图 9.18 所示,主要为了保持板子美观。

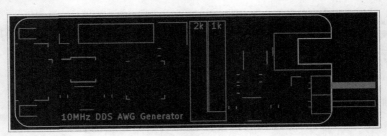

图 9.17　实战项目的丝印

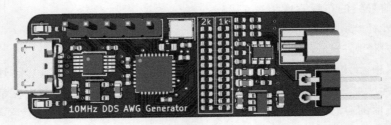

图 9.18　布线后板子的 3D 视图

第 10 章

打　　板

10.1　PCB 和 PCBA

　　PCB 设计完成,就可以将 Gerber 文件发送出去打板,这个过程我们称为 PCB 制造,即常说的"打板",其结果就是加工好的裸板。PCBA(A 指 Assembly)则是指通过机器设备或者手工焊接的方式将元器件安装在电路板上的过程,二者不要混淆。PCB 和 PCBA 的概念差别如图 10.1 所示。

PCB　　　　　　　　　　　　　　　　　　　PCBA——PCB Assembly

图 10.1　PCB 和 PCBA 的概念差别

　　虽然打板的事情是工厂做的,但我们也要知道该如何跟这些工厂打交道,一方面充分了解市场上的生产水平和规则,调整自己的设计,做出最佳性价比的产品;另一方面通过顺畅的沟通,确保自己的设计能够顺利、低成本地加工出来。

10.2　PCB 制板工序

图 10.2 是以在嘉立创加工 2 层板的产品为例的典型加工流程,一旦你的设计文件被确认无误,当在线支付加工费后,工厂就开始加工,大致分为 12 个步骤(发货不算)。

⊘	1 MI	04-24 18:53
⊘	2 钻孔	04-24 21:35
⊘	3 沉铜	04-24 22:02
⊘	4 线路	04-24 22:45
⊘	5 图电	04-25 00:42
⊘	6 AOI	04-25 01:10
⊘	7 阻焊	04-25 05:33
⊘	8 字符	04-25 07:58
⊘	9 喷锡	04-25 08:28
⊘	10 测试	全测完成
⊘	11 锣边、V-CUT	04-25 14:35
⊘	12 QC	04-26 03:00
⊘	13 发货	04-26 03:02

图 10.2　PCB 生产厂的典型加工流程(以嘉立创快板加工流程为例)

10.3　需要提供的文件

要让生产厂商加工设计好的 PCB,需要按照厂商的要求提供符合格式的设计文件,有的加工厂可以接收某些常用设计工具的设计源文件,但出于安全性考虑,比较专业的做法是发送给他们 Gerber 文件(这是工业界的标准格式文件)。发送的时候将多个文件压缩之后上传。任何一种 PCB 设计工具都能够生成这些标准的 Gerber 文件集合,那么我们所说的 Gerber 文件都包含哪几个文件,分别是指什么? 参见表 10.1(不同的工具生成的文件扩展名也不同,但内容相似)。

表 10.1　Gerber 文件的构成及其含义举例

文件名及其扩展名	扩展名的来历	代表的"层"文件
Pcbname.GTL	Top Layer	顶部的铜层
Pcbname.GBL	Bottom Layer	底部的铜层
Pcbname.GTS	Top Soldermask	顶部的阻焊
Pcbname.GBS	Bottom Soldermask	底部的阻焊
Pcbname.GTO	Top Overlay(Silkscreen)	顶部的丝印
Pcbname.GBO	Bottom Overlay(Silkscreen)	底部的丝印
Pcbname.TXT/DRL	Drill	钻孔文件
Pcbname.GML/GKO	Mechanical Layer/Keepout Layer	板子的外形
Pcbname.GL2	Layer	内部第 2 层的文件(4 层板以上)
Pcbname.GL3	Layer	内部第 3 层的文件(4 层板以上)

网上有一些免费查看 Gerber 文件的程序,KiCad 工具自带 Gerber 查看功能,有的网站也提供在线查看的功能,这样你可以通过这些程序或在线工具查看每层加工成实际产品的样子。在查看的时候,也许能够发现一些前期没有发现的问题,在正式打板前及时修正,避免不必要的损失。

10.4 PCB 制板要考虑的因素

考虑因素如下:

- 成本。在研发阶段(打样)最好打 3~5 块板子,在调试的过程中遇到问题还可以做对比测试,现在快板厂一次加工会提供 5~10 块板子。可以找多个制板厂,对比每一个制板厂给出的成本估算,他们之间的差异还是很大的,在确保加工质量的前提下保证加工成本最低。需要注意的是,不同的加工厂商其定价策略不同,加工板子便宜的厂商,当批量加工的时候未必价格还有优势。总之要估算必要服务加起来以后的总体成本。
- 交期。不同的制板厂承诺的交期也不同,即便同一个制板厂,针对不同要求的板子给出的交期也有差异,要根据自己项目的需求来选择制板厂,并决定是否加急生产。

作为项目中的重要一环,我们一定要对 PCB 加工的交期有比较明确的概念,这样才能够有效控制自己项目的进程。经常看到有的工程师画板的时候没有计划好,拖到最后多花很多钱让制板厂加急生产,而拿到板子以后发现元器件和物料还没有备好。

- 质量。一分钱一分货,不同的加工厂商质量的差异很大,对于简单的、布局走线都比较宽松的双面板,一般的加工厂就能满足要求。但对于要求较高的 PCB 器件密度较高、速度较高等产品的设计,我们对制板厂的质量要求就要非常高,在正式的产品生产时最好不要选用擅长打快板的加工厂,而是选择专门做批量产品的加工厂,例如深圳的兴森快捷、金百泽等。如果大家加工过多批次快板就会发现,每次拿到的板子质量参差不齐,时好时坏,因为它们来自同一个快板厂外包的不同加工厂。这种质量的波动是低价格换来的,工程师心里一定要有数。
- PCB 的大小。一般快板厂设定了 10cm×10cm 为一个基础 PCB 面积,这个尺寸以内的板子统一按照固定价格收费,超过这个尺寸则按照实际大小单独计算。所以在日常的快板设计中要控制一下 PCB 的尺寸和形状。
- 加工精度/丝印。这个是多数工程师忽略的问题,虽然不影响板子的性能,但有时候会影响到调试的难度以及美观,尤其是你要用于演示的 PCB 或要销售的产品,丝印的清晰与否是很影响别人感受的。
- 拼板。有时候多个设计拼接在一起制板会节省成本,例如 4 个 5cm×5cm 的板子可以拼成 10cm×10cm 的,但有的制板厂能看穿你的意图,加收的费用同不拼板一样。

PCB设计流程、规范和技巧

10.5　工艺参数参考

图 10.3 为来自嘉立创官网打板时的工艺参数说明的一部分,更详细的工艺参数说明可以在该网站上查到。这些工艺参数在你做 PCB 布局布线设计规则的时候就要考虑进去,并需要在提交 Gerber 文件的时候按照这些参数进行说明。

项目	加工能力	工艺详解	图解
层数	1~6层	层数,是指PCB中的电气层数(敷铜层数)。目前嘉立创只接受1~6层通孔板(不接受增孔盲板)	
多层板阻抗	4层、6层	嘉立创2018年多层板支持阻抗设计,阻抗板不另行收费	嘉立创阻抗多层板:层压结构及参数 嘉立创阻抗条现场测试图
板材类型	FR-4板材	板材类型:纸板、半玻纤、全玻纤(FR-4)、铝基板,目前嘉立创只接受FR-4板材,如右图	FR-4 Copper(铜箔) P片(玻璃纤维布+环氧树脂) Copper(铜箔)
采用生产工艺	FR-4板材	传统披锡工艺正片	灾难性的负片工艺再出江湖,用此工艺为品质灾难,详情 www.jlc.com/portal/t7i1278.html
最大尺寸	40cm * 50cm	嘉立创开料裁剪的工作板尺寸为40cm * 50cm,通常允许客户的PCB设计尺寸在38cm * 38cm以内,具体以文件审核为准。	
阻焊类型	感光油墨	感光油墨是现在用得最多的类型,热固油一般用在低档的单面纸板,如右图	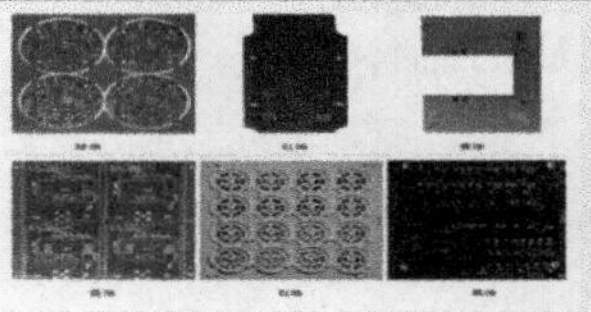
成品外层铜厚	1oz~2oz (35um~70um)	默认常规电路板外层铜箔线路厚度为1oz,最多可做2oz(需下单备注说明)。如右图	以四层板为例, Top Layer：1OZ/0.035mm Layer 2 Layer 3 Bottom Layer：1OZ/0.035mm
成品内层铜厚	0.5oz (17um)	默认常规电路板内层铜箔线路厚度为0.5oz。如右图	以四层板为例, Top Layer Layer 2：0.5oz/0.017mm Layer 3：0.5oz/0.017mm Bottom Layer
锣边外形公差	±0.2mm	板子锣边外形公差±0.2mm。	
V割外形公差	±0.4mm	板子V割外形公差±0.4mm。	
板厚范围	0.4~2.0mm	嘉立创目前生产板厚:0.4/0.6/0.8/1.0/1.2/1.6/2.0 mm。	

图 10.3　嘉立创官网提供的工艺参数说明(部分)

10.6　建议可以 PCB 打样的主要厂商

厂商如下:
- 嘉立创。
- 捷多帮。
- 华强 PCB。
- 云创硬见。
- 深圳矽递科技。

如果访问这些厂商的网站,你会发现他们几乎都在深圳。随着互联网的发展和快递业务的普及,无论你在哪一个城市,都可以选用物美价廉的服务。

10.7 在线估价和下单

大部分 PCB 加工厂商都有在线下单的功能,除了需要提交自己的 Gerber 文件(压缩包)之外,还要有一系列的选项进行选择,例如你希望用的材料、板厚、板子的颜色等。这些因素都会影响到最终的价格,需要根据项目的实际情况进行选择。在线下单的界面中的每一个选项都有一些帮助信息,如图 10.4 所示。仔细阅读这些帮助信息,弄明白各个选项的含义以及它们之间的差别。如果还是不清楚,就联系制造商的客服人员,务必对每一个选型的含义都清楚,确保做出来的板子是正确的。

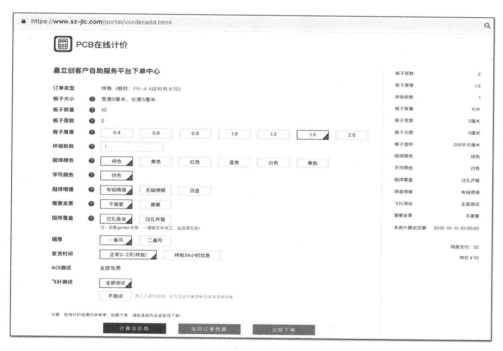

图 10.4 嘉立创的在线下单、报价系统

10.8 实战项目:"低成本 DDS 任意信号发生器"的 Gerber 文件生成

在 KiCad 的 PCBNew 应用中,可以单击 File→Plot,弹出如图 10.5 所示的界面。

可以看出,有两种类型的文件需要通过 Plot 命令生成多个层的光绘文件,以及通过 Generate Drill Files 命令生成的钻孔文件。

得到的有以 gbr 为扩展名的绘图文件,也有以 drl 为扩展名的钻孔文件,如图 10.6 所示。

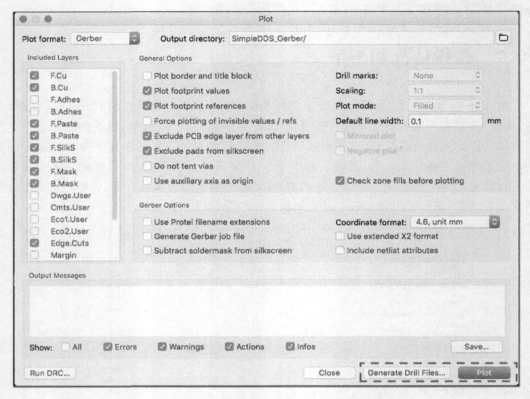

图 10.5　KiCad 通过 Plot 生成 Gerber 文件的界面

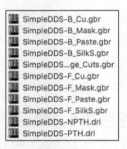

图 10.6　KiCad 生成的 Gerber 文件示例

　　生成 Gerber 文件以后,可以进行查看,以确保生成的 Gerber 文件正确、完整。KiCad 里有一个专门用以查看 Gerber 文件的工具——GerberView。

　　(1) 在主控制面板下单击 GerbView 启动该程序。

　　(2) 文件→Gerber 文件,选中所有要查看的 Gerber 文件,就可以看到图 10.7 中的这个界面。

　　通过右侧的"层管理器"可以切换到要查看的层,打开/关掉某些层,也可以调整每一层的显示颜色。

　　当确认生成的 Gerber 文件完整、正确以后,可以将含有 Gerber 文件的目录压缩打包,以 ZIP 文件的形式发送到制板厂去加工。

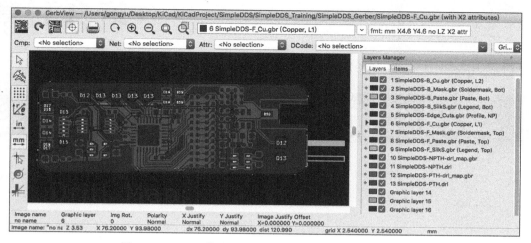

图 10.7 KiCad 的 GerberView 查看生成的 Gerber 文件

第 11 章

巧妇难为无米之炊——备料

作为 PCB 设计中非常重要但又容易被忽视的一个步骤就是：工程师根据 EDA 设计软件产生的 BOM 清单进行备料。购买元器件的时间点、准确度对于产品的安装、调试，以及最终的性能表现是至关重要的，因此本章重点讨论如下三个问题。

（1）工程师在设计的流程中，哪个阶段产生 BOM 最合适？在什么时间点就应该开始备料？

（2）什么样的 BOM 才是一个合格的 BOM，能够让采购人员或者 PCB 加工人员不会产生歧义。

（3）在哪里才能买到需要的元器件？并且能够在指定的时间点，购买到货真价实的元器件。

11.1 产生 BOM 和备料的时间点

图 11.1 为从原理图开始，到生产文件输出的 PCB 设计过程分解流程图。可以看出，当工程师完成原理图设计的时候就可以产生 BOM 清单，并开始着手元器件的采购了。

在构建元器件库的时候讲过，一个元器件库通常包括以下三方面的信息：

- 用于原理图的原理图符号（Symbol）。
- 用于 PCB 布局布线的封装（Footprint）。
- 用于描述本器件的关键信息（Device），这部分的信息对于产生规范、无歧义的 BOM 是非常关键的，但却是大多数工程师容易忽略的。

原理图设计是基于原理图的符号来构建的，一旦完成了原理图的设计，整个板子上会用到的元器件型号以及数量也就确定下来了（有的项目后期还会

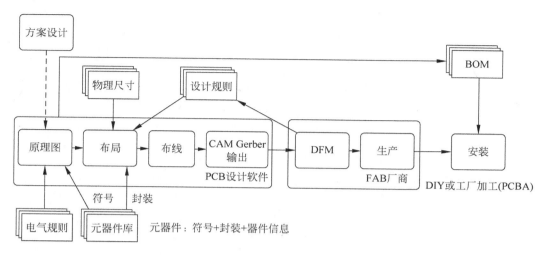

图 11.1　在整个设计流程中 BOM 的产生时间点

根据需要做比较小的调整),当确认了原理图的设计以后,设计者就可以基于原理图生成供采购人员备料的物料清单——BOM(Bill of Material)。在进行后期布局布线的同时,采购人员可以同期进行物料的询价、采购等工作,这样不会影响到拿到板子以后的焊接安装工作。

11.2　怎样才是一个好的 BOM

表 11.1 是来自德州仪器(TI)公司官网的一份 BOM 清单,可以作为一个参考范例供工程师学习,从 xls 格式的 BOM 文件中可以看出,一个规范的 BOM 包含以下关键要素。

- Designator(编号/标号):在原理图上能够迅速定位到这些元器件的位置,PCB 焊接安装的时候能够将器件安装在正确的位置上(通过丝印标注)。
- Quantity(数量):一个板子上同一个型号的器件数量。
- Value(值):如电阻、电容等器件的值。
- PartNumber(型号):每个器件型号是不同的,同一个型号可能对应不同的生产厂商,在 BOM 中也需要标注出生产厂商的信息。
- Manufacture 或 Vendor(生产厂商):提供该器件的原厂。
- Description(描述):对该器件的简单介绍,根据这些信息就可以正确理解对这个器件的使用要求。
- Package 或 Footprint(封装):该器件的封装信息。

在生成 BOM 的时候,尽量使用英文关键词,因为主流的 BOM 在线处理平台会通过这些英文关键词自动识别表格中每个字段的意思,自动给出需要的信息。如果采用中文关键词,系统自动识别的时候难度会非常高,容易出现错误。

表 11.1　一个标准化的 BOM 文件需具备的信息元素

Filename: TIDA-00771E2(001)_BOM.xls
Variant: 001
Generated: 3/24/2016 3:48:26 PM

TEXAS INSTRUMENTS

TIDA-00771 REV E2 Bill of Materials

Item #	Designator	Quantity	Value	PartNumber	Manufacturer	Description	PackageReference
1	C1, C3, C15	3	1uF	C1608X7R1C105K	TDK	CAP, CERM, 1 µF, 16 V, +/- 10%, X7R, 0603	0603
2	C2, C4	2	0.047uF	C1608X7R1E473K	TDK	CAP, CERM, 0.047 µF, 25 V, +/- 10%, X7R, 0603	0603
3	C5	1	4.7uF	GRM31CR71H475KA12L	MuRata	CAP, CERM, 4.7 µF, 50 V, +/- 10%, X7R, 1206	1206
4	C6	1	4.7uF	GRM21BR61C475KA88L	MuRata	CAP, CERM, 4.7 µF, 16 V, +/- 10%, X7R, 0805	0805
5	C7, C8, C9	3	2.2uF	GRM32ER72A225KA35L	MuRata	CAP, CERM, 2.2 µF, 100 V, +/- 10%, X7R, 1210	1210
6	C10, C14, C26, C27, C30	5	1000pF	885012205061	Wurth Elektronik	CAP, CERM, 1000 pF, 50 V, +/- 10%, X7R, 0402	0402
7	C11	1	3300pF	C1005X7R1H332K	TDK	CAP, CERM, 3300 pF, 50 V, +/- 10%, X7R, 0402	0402
8	C12	1	2.2uF	GRM31CR71H225KA88L	MuRata	CAP, CERM, 2.2 µF, 50 V, +/- 10%, X7R, 1206	1206
9	C13, C18, C23, C25, C28, C31	6	0.1uF	885012105016	Wurth Elektronik	CAP, CERM, 0.1 µF, 16 V, +/- 10%, X7R, 0402	0402
10	C16	1	10uF	0805YD106MAT2A	AVX	CAP, CERM, 10uF, 16V, +/-20%, X5R, 0805	0805
11	C17, C29	2	0.1uF	0603YC104JAT2A	AVX	CAP, CERM, 0.1 µF, 16 V, +/- 5%, X7R, 0603	0603
12	C19, C20	2	270uF	EKZN350ELL271MJC5S	United Chemi-Con	CAP ALUM 270UF 20% 35V RADIAL	10x20
13	C21	1	0.1uF	C2012X7R1E104K	TDK	CAP, CERM, 0.1 µF, 25 V, +/- 10%, X7R, 0805	0805
14	C22	1	2200pF	GRM155R71H222KA01D	MuRata	CAP, CERM, 2200 pF, 50 V, +/- 10%, X7R, 0402	0402
15	C24	1	0.01uF	C0603X103K5RACTU	Kemet	CAP, CERM, 0.01 µF, 50 V, +/- 10%, X7R, 0603	0603
16	D1	1	RED	150060RS75000	Wurth Elektronics Inc	LED RED CLEAR 0603 SMD	LED_0603
17	D2	1	30V	SMAJ30CA	Littelfuse	Diode, TVS, Bi, 30 V, 400 W, SMA	SMA
18	D3	1	YELLOW	150060YS75000	Wurth Elektronics Inc	LED YELLOW CLEAR 0603 SMD	LED_0603
19	D4	1	GREEN	150060GS75000	Wurth Elektronics Inc	LED, Green, SMD	LED_0603
20	D5	1	40V	NSR0240V2T1G	ON Semiconductor	Diode, Schottky, 40 V, 0.25 A, SOD-523	SOD-523
21	J1	1	PEC04SAAN	PEC04SAAN	Sullins	Header, Male 4-pin, 100mil spacing,	0.100 inch x 4
22	J2	1		800-10-003-10-001000	Mill-Max	Header, 100mil, 3x1, TH	Header, 3x1, 100mil, TH
23	J3	1		800-10-005-10-001000	Mill-Max	Header, 100mil, 5x1, TH	Header, 5x1, 100mil, TH
24	J4	1		800-10-002-10-001000	Mill-Max	Header, 100mil, 2x1, TH	Header, 2x1, 100mil, TH
25	L8L1	1		TIDA-00771	Any	Printed Circuit Board	
26	Q1, Q2, Q3, Q4, Q5, Q6	6	30V	CSD17576Q5B	Texas Instruments	MOSFET, N-CH, 30 V, 100 A, SON 5x6mm	SON 5x6mm
27	R1, R3	2	10k	CRCW060310K0JNEA	Vishay-Dale	RES, 10 k, 5%, 0.1 W, 0603	0603
28	R2	1	100	CRCW0603100RJNEA	Vishay-Dale	RES, 100, 5%, 0.1 W, 0603	0603
29	R4, R16, R17	3	3.30k	RG1608P-332-B-T5	Susumu Co Ltd	RES, 3.30 k, 0.1 %, 0.1 W, 0603	0603
30	R5, R18	2	0.001	CRE2512-FZ-R001E-3	Bourns Inc.	RES SMD 0.001 OHM 1% 3W 2512	2512
31	R6, R7, R22, R27, R28, R39, R42, R43, R44	9	100	ERJ-2RKF1000X	Panasonic	RES, 100, 1%, 0.1 W, 0402	0402
32	R8	1	5.11	RC0603FR-075R11L	Yageo America	RES, 5.11, 1%, 0.1 W, 0603	0603
33	R9	1	47.5k	CRCW040247K5FKED	Vishay-Dale	RES, 47.5 k, 1%, 0.063 W, 0402	0402
34	R10	1	2M	RC0603FR-072ML	Yageo	RES SMD 2M OHM 1% 1/10W 0603	0603
35	R11	1	3.3	CRCW06033R30JNEA	Vishay-Dale	RES, 3.3, 5%, 0.1 W, 0603	0603
36	R12	1	499k	RC0402FR-07499KL	Yageo	RES SMD 499K OHM 1% 1/16W 0402	0402
37	R13, R14, R15	3	3.3k	CRCW04023K30JNED	Vishay-Dale	RES, 3.3 k, 5%, 0.063 W, 0402	0402
38	R19, R21, R32, R36, R37, R38	6	10.0k	ERJ-2RKF1002X	Panasonic	RES, 10.0 k, 1%, 0.1 W, 0402	0402
39	R20	1	0	ERJ-2GE0R00X	Panasonic	RES, 0, 5%, 0.063 W, 0402	0402
40	R23	1	51.1k	CRCW040251K1FKED	Vishay-Dale	RES, 51.1 k, 1%, 0.063 W, 0402	0402
41	R24	1	78.7k	CRCW040278K7FKED	Vishay-Dale	RES, 78.7 k, 1%, 0.063 W, 0402	0402

　　有了标准的 BOM 清单,就可以按照 BOM 备料了。在有一定规模的企业,负责设计的工程师和负责采购的采购人员是不同的,BOM 是他们沟通的桥梁。采购人员基于工程师提供的 BOM 清单进行采购、备料,当然备料的时候要先看看自己库房里有没有现成的货,有多少,需要补充多少,每种器件需要采购多少套,留出多少余量等。因此,采购人员的采购清单不同于 BOM 文件。企业元器件采购的典型流程如图 11.2 所示。

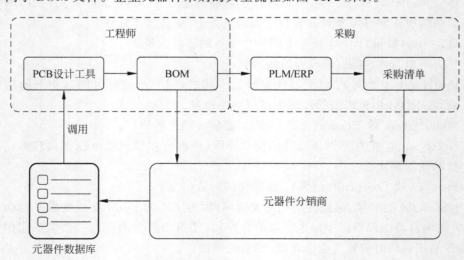

图 11.2　企业元器件采购的典型流程

为保证沟通无误,不让采购人员产生歧义,工程师的 BOM 一定要尽可能规范,每个器件都有详细的型号、厂商、描述等字段。这就要求工程师在日常的设计工作中尽可能完善元器件库中的信息,在平时对自己常用的器件、已经用过的器件等构建完整的本地元器件数据库,以便在使用 PCB 软件的时候调用。

在小公司以及一些规模中等但不是很规范的硬件设计团队,工程师也常常直接负责元器件的备料工作。

11.3 采购流程和原则

由于工程师的 PCB 设计工作多处于研发阶段,所做的 PCB 数量不多,在这个时期采购元器件最先考虑的不是器件的价格,而是器件的质量,一定要可靠。一旦遇到假货,就会导致项目拖延,严重时会导致整个项目失败。同样重要的是要能在指定的时间节点拿到采购的物料,否则会影响到项目的进度,每耽搁一天都会给公司带来比较大的损失,并有可能让自己的产品错失市场良机。供应商的服务保障也是采购/备料的过程中非常重要的环节,如果没有好的服务保障,出了问题很难得到有效的解决。在确保以上几点没有问题的前提下,尽可能降低采购物料的价格,可以货比三家,让成本尽可能低。

11.4 采购货源渠道

表 11.2 为采购电子元器件的几种渠道,不同的渠道提供的便捷性、价格以及质量保证都是不同的。

表 11.2 元器件供货渠道的特点和对比

货 源	主 要 厂 商	质量	货期	数量	价格
现有库存		可靠	现在		
现有可信的供货渠道		可靠	不一定		
原厂的样品/小批量	TI、ADI、美信	可靠	快		免费或较贵
原厂授权分销商	Arrow、Avnet、Future	可靠	期货、较久	量大	便宜
授权现货供应商	Mouser、Digi-Key、E14、RS、Verical	可靠	1~2 周	小批量	较贵
一站式采购平台	SupplyFrame 旗下的 bom2buy	可靠	1~2 周	小批量	较贵
贸易商	华强北、中关村中发市场	不可靠	快	小批量	便宜
淘宝		不可靠	快	小批量	便宜

注意事项如下:

(1) 如果你的团队已经有一些器件,并有库存,可以查看库存器件是否满足项目的需求。因为这些器件是前期的项目验证过的,可以放心使用,这是第一选择。

(2) 研发多年的团队总会积累一些可信的供货渠道,彼此信任,也知道供货渠道的能力和货期,出现任何问题都可以通过这个渠道进行沟通。渠道也会帮助解决一些突发的问题,这是第二选择。

（3）在研发阶段,需求的器件数量不大,对于一些核心的器件,尤其是市场上新出来的器件,最稳妥方便的渠道是通过原厂（如 TI、ADI、Microchip 等）获得。这需要大家平时跟这些原厂保持比较好的沟通和联系,需要 2～10 颗器件可以直接向他们要样片,并可以获得技术支持。对于通用的器件,很多厂商的官方网站上也提供样片申请的入口,只是通过网站直接能申请到的样品数量有限（一般是 2 颗）,有一些变通的办法可以拿到更多的免费样品,对于研发阶段也能满足要求了。

（4）在跟原厂的接触中,原厂一般会介绍他们在本地区的授权分销商,这些授权分销商的销售政策比较灵活,数量小的器件不会引起他们的兴趣。如果走正规的订货流程,则需要有比较大的订货量,且订货周期会比较长,需要 2 个月甚至 4 个月的时间。但如果你跟授权分销商的关系不错,而且你产品的前景描绘得不错,这些授权分销商总能想到办法支持你。根据你公司的规模、产品的性质以及未来预期的器件数量,分销商可以给出较实惠的价格,很适合产品上量的时候通过他们进行采购。但需要提前做好规划,无论是器件的数量还是货期。

（5）研发工程师接触比较多的是"授权现货供应商",例如 Mouser、Digi-Key、e 络盟、欧时等,他们把所有能分销的现货都实时显示在其官网上,而且购买很灵活（即便一个电阻也可以下单）,送货非常及时（理论上全球 72 小时送达,取决于海关的时间可能会更久一些）。虽然这些分销商的器件价格比较贵,但质量有保障,对于研发过程中选择这里的小批量器件,对设计师来说是最佳的选择。

（6）由于小批量器件的价格相对较贵,采购者自然会货比三家,同一颗物料在 Digi-Key、Mouser、Arrow 上在不同的需要数量下价格都是不同的,并且每个供应商的邮费、最小起订量的要求都不同,这给采购者带来很多选择难度。那有没有一个平台能够查询所有供货商的实时价格和库存信息,并可以进行一站式下单？美国 SupplyFrame 公司旗下的电子元器件一站式批量比价和采购的中文网站 bom2buy 应运而生,如图 11.3 所示。

图 11.3　bom2buy 支持一键上传整个 BOM 清单实时报价

它已经被国内很多大型的 PCBA 企业、制造企业作为采购平台使用,大大提高了备料的效率和安全性。在这个平台上实时连接了全球知名的现货供应商的数据如 Mouser、Digi-Key、e 络盟、RS 等,用户注册登录以后就可以上传 BOM 文件,瞬间就可以得到基于大数据算法推荐的最佳货源渠道组合,以及针对每一个元器件型号的技术信息。

(7) 贸易商和淘宝也是工程师或采购人员常用的两个渠道,他们的优势是价格低、交货快、灵活,但缺点是货源质量无法保证,买到假货的概率会比较高。

11.5 实战项目:"低成本 DDS 任意信号发生器"中的元器件备料

KiCad 通过插件的方式灵活配置产生各种格式的 BOM 文件,见图 11.4 中的界面。KiCad 可以生成 csv 格式的文件,也可以生成 xml 格式的中间文件,以便进一步处理。

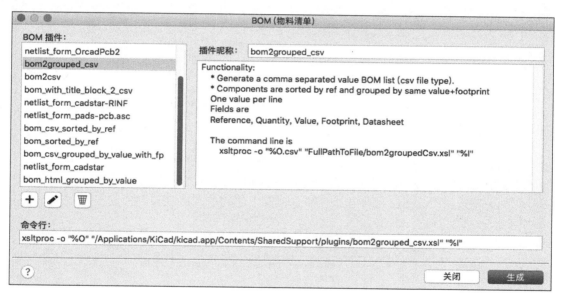

图 11.4 KiCad 工具中产生 BOM 的界面

KiCad 系统的原理图 Eeschema 中每个器件的 Device 信息只有 4 部分:Reference(标号)、Value(值)、Footprint(封装)和 Datasheet(数据手册),在调用插件产生 BOM 文件的时候只能得到 Reference、Value、Footprint 这 3 部分的信息,见图 11.5。一种简单的方式就是自己添加其他备注信息,例如型号(Part Number)、生产厂商(Mfr)、生产厂商的型号、分销商(可以多个)、分销商型号,在这里不再赘述。

根据 BOM 表单中的器件型号和数量进行备货,要注意的是其中 R-2R 中用到的 13 个 2kΩ 的电阻和 11 个 1kΩ 的电阻其精度要达到 1%,这样才能保证 R-2R 网络取得较好的性能。

Simple DDS BOM

Item	Qty	Reference(s)	Value	Footprint
1	9	C1, C4, C5, C8, C9, C10, C11, C17, C18	0.1μF	Capacitor_SMD:C_0402_1005Metric
2	4	C2, C3, C6, C7	2.2μF	Capacitor_SMD:C_0603_1608Metric
3	2	C12, C13	10μF	Capacitor_SMD:C_0603_1608Metric
4	1	C14	15pF	Capacitor_SMD:C_0402_1005Metric
5	1	C15	1nF	Capacitor_SMD:C_0603_1608Metric
6	1	C16	2.4p	Capacitor_SMD:C_0402_1005Metric
7	1	D1	PWR	LED_SMD:LED_0603_1608Metric
8	1	D2	HB	LED_SMD:LED_0603_1608Metric
9	1	J1	USB_B_Micro	Connector_USB:USB_Micro-B_Molex-105017-0001
10	1	J2	JTAG	Connector_PinHeader_2.54mm:PinHeader_1x05_P2.54mm_Vertical
11	1	J3	Aout	Connector_PinHeader_2.54mm:PinHeader_1x02_P2.54mm_Horizontal
12	1	J4	Aout	Connector_Coaxial:MMCX_Molex_73415-0961_Horizontal_0.8mm-PCB
13	1	R1	4.7kΩ	Resistor_SMD:R_0603_1608Metric
14	15	R3, R4, R5, R6, R7, R8, R9, R10, R11, R12, R13, R14, R15, R16, R33	2kΩ	Resistor_SMD:R_0402_1005Metric
15	13	R17, R18, R19, R20, R21, R22, R23, R24, R25, R26, R27, R28, R29	1kΩ	Resistor_SMD:R_0402_1005Metric
16	1	R30	510	Resistor_SMD:R_0402_1005Metric
17	1	R31	7.8kΩ	Resistor_SMD:R_0402_1005Metric
18	1	R32	270	Resistor_SMD:R_0402_1005Metric
19	1	R34	4.3kΩ	Resistor_SMD:R_0402_1005Metric
20	1	U1	MIC5504-3.3	Package_TO_SOT_SMD:SOT-23-5
21	1	U2	CH340E	Package_SO:MSOP-10_3x3mm_P0.5mm
22	1	U3	LM2776	Package_TO_SOT_SMD:SOT-23-6
23	1	U4	MachXO2-1200-QFN32	Package_DFN_QFN:QFN-32-1EP_5x5mm_P0.5mm_EP3.45x3.45mm
24	1	U5	SGM8301YN5G/TR	Package_TO_SOT_SMD:SOT-23-5
25	1	X1	16MHz	Oscillator:Oscillator_SMD_Abracon_ASE-4Pin_3.2x2.5mm

图 11.5　KiCad 产生的 BOM 文件

第 12 章

见证奇迹的时刻——调试

12.1 焊接是调试电路板的基本功

PCB 设计好后送到制板厂加工好,拿到手,下一步要做的就是安装元器件即我们常说的焊接、调试的过程。焊接需要一定的基础手艺。调试需要一定的技能和步骤,对于一个新的项目,二者是结合在一起的,调试、焊接、调试、焊接、调试……一步一步,直到最后把所有的元器件都安装完毕,并且板子上的所有功能都得到了验证。

作为一个设计电路的硬件工程师,首先要具备一定的焊接能力,具备清晰的调试思路和分析流程,具备分析和解决电路板上各种问题的能力。

有工程师说,我们单位有专业的焊接师傅,我只要负责设计就好了,是不是就不用学习焊接了? 要知道对于多数新的设计,硬件工程师不可能让专业的师傅把所有的元器件一次性全部安装,加上电,一切就都完美了。板子上一定会有各种各样的问题,研发阶段的板子一定是一边焊接,一边调试。如果自己没有较好的焊接技能,调试工作就会受制于各种因素会导致项目工期延误。如果焊接技术不过硬,也会由于虚焊、短路等不起眼的小问题导致一系列的大麻烦。

所以一个硬件工程师要十八般武艺样样精通:焊接、烘烤、吹孔、飞线等技术越全面、越精炼,调试中出问题的概率也就越低,调试的过程也就越顺畅。

关于焊接的基本要领在第 2 章已经做了介绍,就不再赘述。

12.1.1 用热风枪进行器件的拆卸和安装

现在的设计中,随着器件速度的提升,集成度越来越高,多引脚的 SMD

PCB设计流程、规范和技巧

器件也就越来越多,例如 BGA 封装的器件以及"肚子"上有焊盘(接地或散热)的 QFN 封装的器件,对这些器件的焊接和拆卸一般会使用热风枪。热风枪的原理和吹头发的吹风机一样,它能够对电路板的局部进行非接触的加热,加热到焊锡融化的温度,自然就能达到拆卸元器件和焊接元器件的目的。原理很简单,操作起来也非常容易,焊接前在 PCB 的焊盘上均匀涂抹上适量的焊锡膏,用镊子夹着要焊接的元器件精准地摆放在焊盘上,然后用热风枪在器件上方加热即可。热风枪会配备不同大小的出风头,以应对不同封装的器件,一般还需要设置热风的温度以及风的流速,很多 SMD 器件非常小,热风的流速过大会吹跑这些器件。

12.1.2　使用回流炉

回流炉实际上跟我们生活中用的烤箱是一样的,适合多器件、多板的安装,通过回流炉安装的器件看起来非常干净、漂亮,你所需要的就是在加工 PCB 的时候让加工厂做一张 PCB 钢网(便宜的只要 40 元钱),以钢网为向导在 PCB 上刷锡膏,摆上元器件以后放在炉子里烘烤一段时间,拿出来冷却就可以了。每个炉子都会有加热曲线,要注意温度不要太高、加热时间不要过久,否则板子会被烤糊。热风枪和回流炉如图 12.1 和图 12.2 所示。

图 12.1　配备不同大小出风头的热风枪　　　图 12.2　有一定加热曲线的回流炉

由于篇幅限制,焊接部分只能简单说一些要点,要学习焊接技术的工程师朋友可以在网上搜一些教学视频,找几块废弃的电路板和廉价(最好是废弃)的元器件多练习一下,熟能生巧,非常容易。

12.2　必备的调试工具——测试测量仪器

12.2.1　常规的测量四大件

硬件工程师的主战场就是实验台(我们常说的 Lab),任务就是要调试(Debug)电路,除了烙铁、剥线钳、焊锡、松香、镊子等必要的工具之外,占桌面大片面积的,需要多个电源插座的,就是用于常规测试测量的四大件工具,如图 12.3 所示。

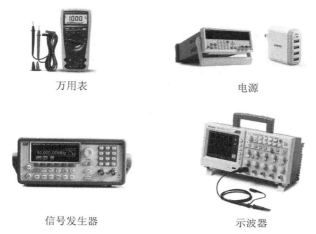

万用表　　　　　　　　　　　　　电源

信号发生器　　　　　　　　　　示波器

图 12.3　工程师的测量四大件

1. 万用表

万用表的主要作用就是测量电路的通断、阻抗、电压、电流等"欧姆定律"中的参数,以及判断二极管的方向。在电路板不加电和加电运行的状态下,都可以通过万用表快速地查找到电路板上的问题,尤其是可以通过多个电路板进行参数对比,从而迅速锁定出问题的地方。

2. 电源

最常用的电源就是双路可跟踪电源(负电压可以跟踪正电压的调节进行电压的自动输出调节),能够给待测电路提供所需要的电压/电流,电压的调节可以从 0V 到更高,例如 25V,调节精度也比较高,能够精确控制给电路板的供电,其具有短路保护、过流保护(通过设定限定的电流)等功能,电源的纹波非常低。

要注意的是电源的输出端有+、-和 GND(通过电源的机壳连接到地球上的"地")三个端子,你要调节输出的电压是在±两个端子上体现出来的,是个相对的电压值例如 5V,而只有将"GND"和"-"端子进行连接,你在"+"端子上得到的电压值才是相对于大地的+5V。

随着电子产品的小型化、低功耗化,越来越多的产品通过 USB 的 5V 端口给电路板供电,在电路板上通过开关稳压、线性稳压的方式给电路板提供其需要的多组电压,因此随处可见的 USB 电源端口、PC 的 USB 端口、电源插排上的 USB 充电口、手机的电源适配器、充电宝等都可以作为供电电源来使用。但要注意的是,不同适配器其能输出的电流能力有很大差别,要确保适配器输出的功率能够满足待调试的板子的供电功率要求,并有一定的余量,否则会导致系统工作不稳定。

在适配器和电路板之间的 USB 连接线是有阻抗的,在供电电流比较大的情况下会在导线上产生比较大的压降(欧姆定律 $V = I \times R$),一定要确保经过了 USB 线的压降到达电路板的电压满足板子上对输入供电电压的要求。由于 USB 适配器是从 220V 的交流电上通过 AC-DC 开关变换的方式得到稳压的 5V DC,在输出的 5V 直流电压上会有较大的开关噪声,因此在具体的应用中要确保选用的适配器上的噪声不会对板子的性能有影响,不同质量的 USB 电源适配器的纹波性能差异也很大。

3. 信号发生器（信号源）

信号发生器被用来对待测的电路提供一定幅度范围、一定频率范围的激励信号，有时还要在输入的信号中添加各种特性的噪声，用以评估被测电路的某些特性。市场上主流的信号源都是通过 DDS 合成的任意信号发生器，可以方便地设定激励信号的信号、频率和幅度，在模拟电路的调试中常用的测量激励信号为可调幅度/可调频率的正弦波，在数字电路的调试中常用的激励信号为可调重复频率、可调脉冲宽度的脉冲信号。本书的项目示例就是自己动手设计一个能输出最高 20MHz 的示波器任意信号发生器。

4. 示波器

示波器堪称我们工程师的眼睛，通过可视化的方式来观察电路板上任意电信号的电压或电流随时间发生的变化，并能够对各种参数（例如幅度、频率、上升沿等）进行精准测量，然后根据这些信号的变化来测定电路特性。要用好示波器，首先要深刻理解示波器的几个关键技术指标——模拟带宽、采样率、存储深度，并在测量中正确使用探头。

除了这常规的四大件之外，还有用于频域测量的频谱仪、用于看数字逻辑和时序关系的逻辑分析仪、用于网络通信中的矢量网络分析仪等，这些会根据被测对象的需要配置。

12.2.2　口袋仪器

配齐以上的仪器设备不仅费用很高，而且会占用较大空间，不便携带，使用起来不够灵活方便。最近几年多功能合一、价格低廉的口袋仪器则越来越受到工程师、高校师生的欢迎，例如 Digilent（被 NI 收购）的 Analog DiscoveryⅡ、ADI 公司的 ADALM 2000，它们都在手掌大小的盒子里集成了示波器、信号源、电源、万用表、频谱仪、逻辑分析仪等功能，如图 12.4 所示。

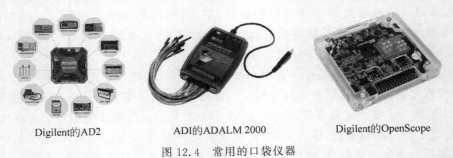

Digilent的AD2　　　　ADI的ADALM 2000　　　　Digilent的OpenScope

图 12.4　常用的口袋仪器

仪器领域也在不断地演进，为了给我们的工程师配备更轻便、更清晰、处理能力更强的"眼睛"。当然要用好这些仪器，需要我们对其原理进行深刻地理解，并结合日常的测试体验，不断提升自己观察问题、分析问题的能力，迅速升级为一个优秀的硬件工程师。

12.3　PCB 的调试流程

有了焊接的基本技能，下面就要讲一下 PCB 的调试要遵循的步骤和要注意的要点，首先我们来看一张以脑图的方式表达的流程图。

从图 12.5 中我们可以将 PCB 的调试过程分解为三部分。

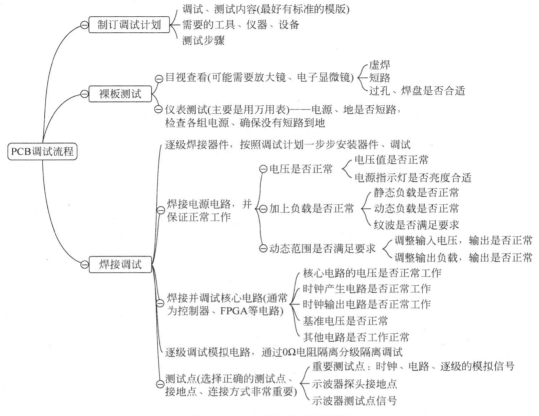

图 12.5　PCB 调试流程示意图

12.3.1　制订调试计划

这个步骤是可以在你发出 Gerber 文件之后，没有从 PCB 加工厂拿到加工好的裸板之前就可以做的一步，当你拿到板子就可以开始下一步的工作。计划就是为实际的操作做足准备，因此你要先想清楚要调试、测试的条目和内容；你在调试和测试中必须用到的以及能帮助你加速整个过程的工具、仪器和设备；调试以及测试的步骤等。

对于一个企业、一个项目组，研发的产品基本上就那几种类型，因此可以由项目负责人或经验丰富的老工程师制订一个详细、合理的标准调试模板，并在每一个 PCB 板的调试过程中不断丰富、完善，这样可以覆盖所有的细节，避免调试过程中遗漏重要的环节从而走弯路。

12.3.2　裸板测试

从 PCB 加工厂拿到裸板，先不要着急焊接元器件，先要对裸板进行一些基本的测试，确保 PCB 的设计没有明显的问题，PCB 加工厂没有加工方面的问题（主要是由精度、工艺引起）。裸板测试最常用的两个工具：自己的眼睛（有时也可以借助放大镜、电子显微镜等）和万用表。前者可以从物理上检查一些比较明显的问题,例如虚焊、短路、过孔、焊盘的孔径是否合适,器件的封装是否画错等;借助万用表可以判断板子上的各组电源和地是否存在短路现象,如果存在这些问题,但没有查看,等元器件焊接到板子上以后判断的难度就更高了。

12.3.3　焊接测试

到这一步才开始焊接元器件,不要一股脑将所有的元器件全部焊接到板子上,这样会有太多的问题混在一起,调试的难度呈几何级数增加。最好的方式是根据电路的属性来逐步焊接,例如先搞定电源部分,如果整个板子没有电源供电,则其他的电路也无法正常工作,因此可以先将电源部分的元器件焊接好,用仪器测试直到电源电路满足设计要求,各路输出正常再往下焊接其他部分的电路。

在多数的电路板上,MCU 或 FPGA 都是电路的核心,因此在电源焊接调试完成以后,可以着手安装和调试处理器部分的器件,确保其各路电压正确,纹波符合系统要求,时钟起振且工作频率正确,烧写一个简单的测试程序能通过 LED 显示需要的状态等。

核心的 MCU 或 FPGA 电路安装调试完毕后可以开始调试模拟信号链路的元器件,模拟电路一般都是从小信号到大信号,从模拟信号通过 ADC 变换成数字信号,因此我们需要沿着信号流的方向逐级调试,直到整个信号流的每一级在其幅度和带宽上都能满足系统设计的要求。这里面要注意的是阻抗的匹配,如果后一级的电路所有的器件都没有安装,前一级电路的工作由于阻抗不满足要求可能导致性能变差,但并不意味着是电路的问题,你需要在输出部分临时接一个等效负载。

经验丰富的硬件工程师在新的项目中一般都会在关键的信号处放置一些测试点,以便调试的时候用仪器进行观察;同时也会在前后级之间放置一些 0Ω 的电阻,就如同水闸一样,焊接上 0Ω 的电阻,前后级是连通的,移除掉这个电阻,前后级断开,这样前后级之间不会受影响。待调试、性能测试完毕以后做系统优化,再做一版终极版 PCB 的时候,这些测试点和 0Ω 的电阻可以拿掉。

在调试的过程中,尤其是高频电路、小信号模拟电路等,经常出现的问题不是 PCB 的问题,而是测试的方法不当引起的,要学会用示波器、学会用示波器的探头,更要清楚地知道示波器的探头以及其接地端的正确连接点。

12.4　PCB 的测试及报告

图 12.6 是 PCB 测试及项目报告流程。虽然整个 PCB 能够正常工作,但不意味着你的板子满足当初的设计要求,即能完全实现产品功能,能完全满足性能要求,这里的测试还仅仅是在实验室里面的样机系统,如果作为产品会有更多的测试条目,测试过程也会更加严苛。因为我们大部分人是研发工程师,主要面对的是实验室的样机,因此在这里仅把这一阶段的工作整理出来。最后的总结报告非常重要,不仅是为了给你的老板报告、给你的同事做分享,更重要的是让自己有一个更认真、完整的项目回顾。

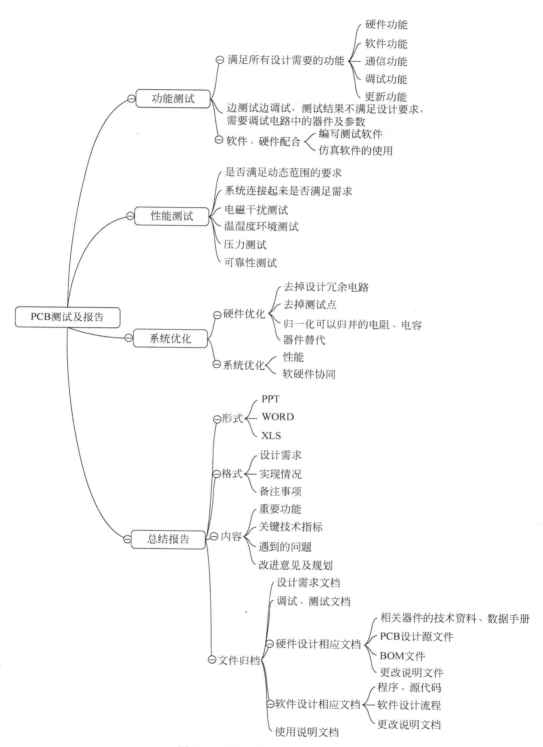

图 12.6　PCB 测试及项目报告流程

第 13 章

电磁带来的"困扰"及对策

13.1 "地"的处理

电路原理图符号一般会看到几个不同的地（GND）符号，包括大地（Earth Ground）、公共地（Common Ground）、模拟地（Analog Ground）和数字地（Digital Ground）等。

"地"的经典定义是"作为电路或系统基准的等电位点或平面"。在电子和电气系统中，我们一般会设定电路中一个点的电压为参考电压，这个参考电压为"地"（或 GND），并且其电压值为 0V。我们知道电压的测量都是相对值，电压是相对于另外一个点来确定的。一般我们会使用接地的点作为参考点，这个参考点就成为其他所有电路的测量基准点。然而不是所有的电压测量都是基于这个参考点的。例如，你要测量一个电阻两端的电压，测量仪器（万用表）的参考点就不再是"地"，而是电阻的一端。

通常"接地"有两种方式：设备内部的信号接地和设备接"大地"，两者概念不同，目的也不同。

常用的"地"符号如图 13.1 所示。

GND   GNDA   GNDD   GNDPWR   GNDREF   GNDS

图 13.1 PCB 原理图中用到的不同的"地"符号

13.1.1 设备接"大地"

地球是中性的,容量是巨大的,电气系统通过"地线"连接到地球上的"大地",其中任何的电荷波动都会被平滑掉,一般电源插座的第三个电极是接地的。接地线如图 13.2 所示。

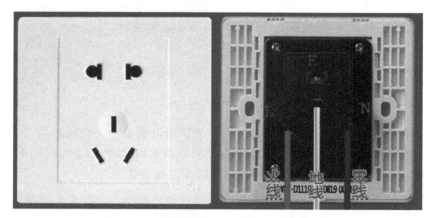

图 13.2 电源插座上的三根线,中间为接地线

例如,你将一台示波器连接到电源插座上,电源线就会将示波器内部的框架、机壳连接到大地上。当多台示波器都采用这种方式进行连接的时候,它们的地线是连接在一起的,有着共同的参考点,这个参考点在仪器的面板上也专门引出来了,如图 13.3 所示为示波器的机壳接地。

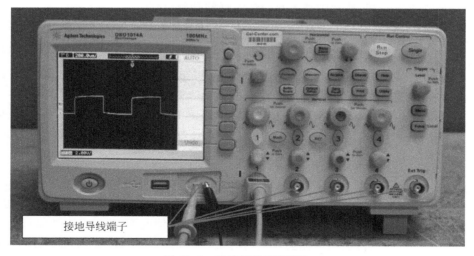

接地导线端子

图 13.3 示波器的机壳接地

13.1.2 内部信号的模拟地和数字地

数字信号改变状态的时候会产生比较大的尖峰电流,模拟电路的负载电流改变的时候也会产生尖峰电流。如果你的电路板是模拟信号和数字信号混合电路设计,那么混合信号

的接地尤为重要。接地技巧有很多种,无论采用何种方式,都需要将更嘈杂的数字回路电流同相对不嘈杂的模拟回路电流分开,否则地上的电流通过地回路会产生压降,即噪声。数字电路的噪声对模拟信号的影响有时候会非常大。

在电路设计中,一种可能的模拟、数字接地方式是"星形接地",如图 13.4 所示。不是所有场合都适合这种方式,因为在实际电路板上可能非常复杂,模拟地和数字地也不是必须要分开,如果你的布局、布线做得非常好,即便使用一个接地点,性能也是一样的。

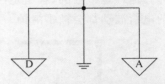

图 13.4　模拟地、数字地的连接

13.1.3　常见的一些接地方法

- 单点接地:是指整个电路系统中只有一个物理点被定义为接地参考点,其他各个需要接地的点都直接接到这一点上。在低频电路中,布线和元器件之间不会产生太大影响。通常频率小于 1MHz 的电路,采用单点接地法。
- 多点接地:是指电子设备中各个接地点都直接接到距它最近的接地平面上(即设备的金属底板)。在高频电路中,寄生电容和电感的影响较大,通常频率大于 10MHz 的电路,常采用多点接地。
- 浮地:即该电路的地与大地无导体连接。
- 虚地:没有接地,却和地等电位的点。其优点是该电路不受大地电性能的影响。浮地可使功率地(强电地)和信号地(弱电地)之间的隔离电阻很大,所以能阻止由于共地阻抗电路耦合产生的电磁干扰。其缺点是该电路易受寄生电容的影响,导致该电路的地电位变动,从而增加了对模拟电路的感应干扰。

13.1.4　PCB 设计中对地的处理

PCB 设计中"接地平面"这一概念非常重要,通过"铺地""地平面"或"电源平面"的方式设计出大面积的"地"网络,虽然 PCB 设计中不见得非得要有"接地平面",尤其是在一些比较宽松的环境下,没有"接地平面",板子也能够很好地工作,但是如果要想提升性能、防止出现问题,设计"接地平面"是非常有效的方式。KiCad 设计 PCB 中对"地"的处理如图 13.5 所示。

1. "接地平面"能够降低回路阻抗

我们原理图上的信号连接是理想的,只是符号与符号之间的连线,而实际情况是,任何物理的连接,包括 PCB 上的走线,都是有阻抗的。在多数情况下,我们可以忽略低阻抗产生的效应,但是在有些场合,它们可能会对电路的功能产生显著的影响。例如,ADI 公司曾证明,5cm 长的 PCB 走线可能会使 16 位 ADC 的量化结果中引入超过 1LSB 的误差。

在 PCB 对"地"的处理中,要尽可能避免"地回路"。术语"地回路"可以指系统受"地电位差"影响的任何情况。一个典型的例子是当两个模块通过长走线连接时,走线的返回电流导致一个模块的接地电压明显地高于另一个模块的接地电压。

在 PCB 布线过程中,如果使用走线进行多个地方的接地连接,会很容易出现上面的环路,这种导电环路非常容易接收电磁干扰(像天线一样,有时候示波器探头的接地线也会形

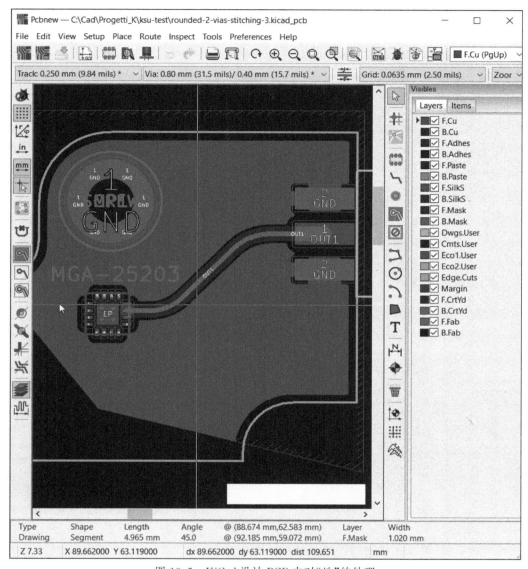

图 13.5　KiCad 设计 PCB 中对"地"的处理

成受干扰的环路）。

　　很多情况下我们无法减少这些走线电阻带来的影响，现在的板子越来越小型化，元器件也越来越小，拥挤的板子上不允许有较宽的走线，以及非常充裕的空间让你摆放元器件到最佳的位置，在这种情况下，"接地平面"（PCB 中连接"地"网络的大面积铜层）就可以为信号回路提供非常低的阻抗从而改善整体的性能。因为它降低了回路电流变化引起的噪声，所以在整个板子上可以得到更均匀一致的接地电压（低阻抗意味着较低的压降），如果将整个层用作"接地平面"，通过"过孔"（via）将所有的"地"网络都连接到接地平面上，实际的电路工作起来就非常接近原理图中的理想设计了。

　　使用了地平面并不意味着不会产生这种接地回路，PCB 的设计工具无法阻止你在各个接地点之间进行连线。如果你习惯了使用过孔或通孔进行接地连接，上面的问题就很容易避免(通过过孔直接连接"地平面",元器件到任何一点"地"之间的连接阻抗都非常低)。

PCB上走线导致的电阻(用KiCad自带的PCB计算器)如图13.6所示。较长走线连地如图13.7所示。多元器件接地的正确连接方式如图13.8所示。

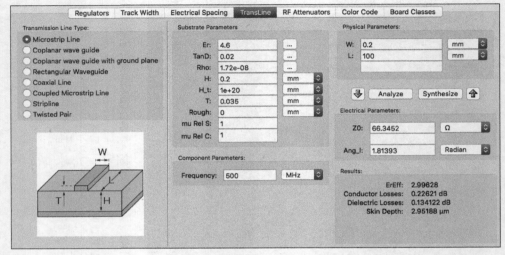

图13.6　PCB上走线导致的电阻(用KiCad自带的PCB计算器)

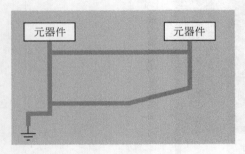

图13.7　较长走线连接在一个地上

图13.8　多元器件接地的正确连接方式

2."地平面"可以让布局布线简单且占板面积更小

采用"接地平面"除了可以改善电路的性能之外,也使PCB布局、布线工作变得更简单,在PCB上任何可以打过孔的地方都可以就地接入"地平面",这比通过各种方式的走线来连接"地"网络要简单多了。因此,元器件之间可以靠得更紧凑,从而缩小了PCB的尺寸。

3."地平面"可以提供集成化的屏蔽

"地平面"还能够防止电磁干扰(EMI),包括辐射和接收。当然不要指望"地平面"来解决所有的EMI问题,尤其是电路板的两侧都有元件的时候,这种情况下,用导电外壳会更有效。尽管如此,"地平面"的使用对于EMI的改善还是有一定帮助的。

4."地平面"构成的板间电容

与"电源平面"相邻的"地平面"会形成"板间电容",这为整个电路板增加了一些分布式电源电容,起到一定的去耦作用,虽然无法完全取代电路中的去耦电容。

四层电路板一般都要有"地平面",当然有两个平面(电源平面和地平面)会更好,多用

"平面"会减少信号走线层,简化布线的难度。用多少个平面要根据实际的情况综合考虑做出平衡。

　　两层板的设计中是否应该拿出一层来做地平面呢?这将意味着几乎所有的走线和元器件都要在一层上搞定,这是值得的,有地平面会更好,如图 13.9 所示。可以使用组织良好的低阻抗走线来建立接地连接。如果板子的空间非常有限,无法做到板子底层是"地平面"、顶层是整洁的布局走线的情况下,可以考虑采用 4 层及 4 层以上 PCB 设计。

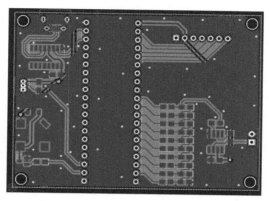

图 13.9　专用地平面获取更好的效果

　　图 13.9 是"小脚丫 FPGA 综合技能学习板"的布局布线图,在两层电路板的两面走线后,空余的地方都进行了覆铜(铺地)处理,"接地平面"不必 100% 都是"地"。

　　在 PCB 上添加"地平面"是一种简单、低成本、高效的方法,可以设计出具有更好信号完整性、更高精度和更强抗干扰性的电子产品,因此在设计 PCB 的时候应尽可能养成使用"地平面"的习惯。

13.2　去耦电容的选用

　　PCB 设计过程中,工程师必做的事就是给每个电源引脚(如 V_{CC}、V_{DD}、V_{SS}、3V3 等电源符号)加上一个 $0.1\mu F$ 的陶瓷电容,并在某些地方加上更大容量的极性电容。常见的电源去耦电容组合如图 13.10 所示。那么问题来了:

- 问题 1:为什么要加这些电容?
- 问题 2:为什么要加 $0.1\mu F$ 的?
- 问题 3:为什么有时还要并联其他值的电容?用一个较大容值的电容可以吗?
- 问题 4:市面上这么多不同种类的电容,选用哪种电容合适?
- 问题 5:在 PCB 上这些电容放在哪里?

　　这些我们习以为常的事情细究起来,经常困扰着很多硬件工程师,即便做了很多项目的"老

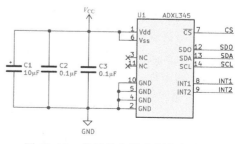

图 13.10　常见的电源去耦电容组合

司机"也未必能讲清楚这里面的关系,下面我们分析第一个问题——为什么要加这些电容?

13.2.1 去耦电容的作用

我们设计的某些电路可以抽象成如图 13.11 所示的模型。

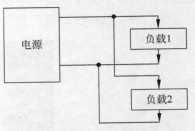

- 板子上有 n 个不同的负载(例如某个运放电路、MCU 的内核、MCU 的 I/O 接口、ADC、时钟等),每个负载都需要稳定地供电,如电压稳定、干净,电流充足。在图 13.11 上我们只画出两个负载进行举例。

- 电源产生电路,它为每个负载提供能源。

图 13.11　多个负载的连接方式

每个负载要正常工作,前提就是负载上的供电电压要稳,如果是 5V 电压,需要它尽可能干净,如图 13.12 所示。

但该负载内的元器件工作起来,都要动态地吸收电流,供电电压和地就变成了如图 13.13 所示。

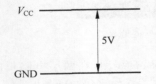

图 13.12　电源和地都应该比较干净

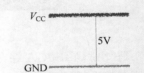

图 13.13　元器件工作时电源上的波动

在 5V 的 DC(直流电源)上叠加了各种高频率的噪声,这些噪声是由于元器件对供电电流的需求导致的电压波动,可以看成是在 DC 5V 上"耦合"了由于元器件工作带来的 AC(交流电源)噪声。

这样耦合了 AC 的 DC 供电电压不仅会影响本负载区域内的电路的工作,也会影响到连接在同一个 V_{CC} 上的其他负载的工作,有可能导致那些负载的电路工作出现问题。

怎么办呢?答案就是把每个地区的问题控制在该地区范围内。

举一个例子:每个负载的工作就像我们平日吃"粮食",每家的用量是动态的、不确定的,所有家庭用的"粮食"加在一起平均下来就相当于在本地区的供粮量(稳定的)。但由于每家每天的粮食消耗量是随机的,导致供粮的渠道上会有波动,如果没有本地区的粮库(每家也都有储备粮),每个地区的粮食供应就会出现波动,而且 A 地区的波动就会影响到 B 地区。我们当然不希望这种情况发生,所以在每个地区都会有本地粮库储存粮食,这样每个地区内部用粮得到保障,地区和地区之间不会产生干扰。

如果给所有地区供粮的上游出现了波动,而这种波动超过了本地粮库的平滑能力,那该地区的家庭用粮自然也会出现问题。粮食供应对比电源供应分析如下:

- 电源供电取决于变换的方式,其供电本身在 DC 上就有纹波,因此我们需要在电源输出 V_{out} 端,要有电容 C1(可以看成是国家粮仓)负责将供电电压上的噪声降到尽可能的低,降至完全为零是不可能的,因为完美的世界从来都不存在,只要不影响后面负载的正常工作即可。

- 既然每个负载工作起来会导致其电源出现额外的波动,那就让波动在"本地"尽可能降低,且不影响到其他负载的工作。降低负载供应波动影响的方式就是加强能即时响应的供给(本地粮库),通过"备用供给"平滑掉"主要供给"在快速响应方面的不足。电容的本性就是储能,用电容来做备用电能,能够使负载瞬间的需求变化带来的波动更平滑(不同的电容响应速度也不同,后面再讲),保证该负载的电压尽可能稳定,即去除掉有可能耦合到 DC 上的 AC 干扰(去耦的含义 1),同时由于本地的 DC 趋于稳定,降低了对其他负载的影响(去耦的含义 2),如图 13.14 所示。

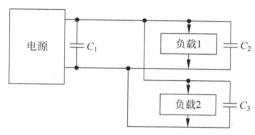

图 13.14　去耦电容的放置位置和作用

　　如图 13.15 所示,从波形上看,在没有去耦电容的情况下,输入如左侧的波形,加上去耦电容之后,输出变成右侧的波形,供电电压的波形变得干净了,我们称该电容的作用是去掉了耦合在干净的 DC 上的噪声,所以该电容被称为去耦电容。当然也可以被称为旁路(Bypass)电容,因为该电容将 DC 上耦合的噪声"旁路"到地信号,所以给后续电路供电的DC 电压能更平滑。

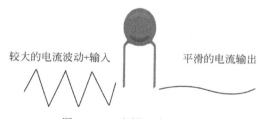

图 13.15　去耦电容的作用

13.2.2　去耦电容的选择

　　现在我们知道了去耦电容的作用,在一个芯片(例如 FPGA/MCU)的电源引脚上需要多个不同容值、不同类型的电容并联达到较好的去耦效果。再回到前面的问题 2 和问题 3,$0.1\mu F$ 的电容是去耦电容,为什么 $0.1\mu F$ 的去耦电容更常见?换一种问法则是:

　　(1)究竟需要多大容量的电容才能达到去耦的效果?

　　(2)在很多电路上,我们看到针对一个电源引脚会有多个容量大小不同、类型也不相同的电容一起工作,这是为什么呢?(如图 13.16 所示)

　　首先,我们用的电容器不单只有电容!

　　根据库仑定律($C = Q/V$),我们只需要通过某负载区域的电流变化范围、变化频率(多种速率共存)就可以推算出能够应对本区域电流波动的电容 C,然后在该引脚上放一个该容量的电容 C 即可。但我们用来"去耦"的电容器（不论是哪一种）用于在电源线上的瞬态干扰期间快速提供电流，它们都不只有"电容"一个属性，除了容值 C 之外，还有两个阻碍电流流动的部分：

（1）"等效"串联电阻（ESR）：无论频率如何都呈现固定阻抗。

（2）"等效"串联电感（ESL）：随着频率的增加其阻抗也变得更高。

去耦电容的常见组合如图 13.16 所示。

这三部分的值与电容的类型、容值、封装都有很大的关系。

作为最常用的"去耦神器"，陶瓷电容具有很低的 ESR 和 ESL，如图 13.17 所示。其次是钽电容，提供适中的 ESR 和 ESL，但有相对较高的电容/体积比，因此它们可以用于更高值的旁路电容，用于补偿电源线上的低频变化。对于陶瓷电容和钽电容，较大的封装通常意味着较高的 ESL。

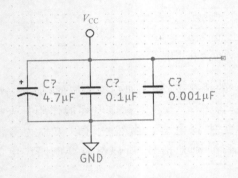

图 13.16　去耦电容的常见组合

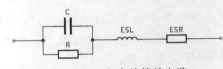

图 13.17　电容的等效电路

不同封装的陶瓷电容的等效串联电感值如表 13.1 所示。

表 13.1　不同封装的陶瓷电容的等效串联电感值

封　　装	电感（pH）
0603（陶瓷电容）	850
0805（陶瓷电容）	1050
1206（陶瓷电容）	1250
1210（陶瓷电容）	1020
0805（钽电容）	1600
1206（钽电容）	2200
1210（钽电容）	2250
2312（钽电容）	2800

图 13.18 显示了 $0.1\mu F$，封装为 0603 的陶瓷电容器的阻抗，该电容器具有 850pH 的 ESL 和 $50m\Omega$ 的 ESR。

正如前面讨论的，去耦电容的作用就是平滑掉高频变动的纹波电流，理想的电容器可以很容易地实现这一点，因为电容器的阻抗随着频率的增加而降低。但由于 ESL 的存在，在某个频率下阻抗实际上随频率增加开始上升，这个频率点又被称为自谐振频率点。我们再对比一下 $1\mu F$ 的钽电容器，它有 2200pH 的 ESL 和 1.5Ω 的 ESR。

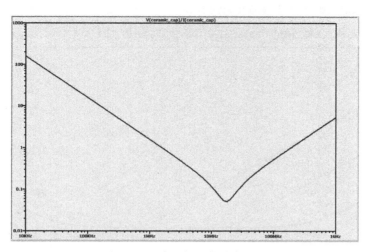

图 13.18 陶瓷电容的频率特性

陶瓷电容＋钽电容组合达到的效果如图 13.19 所示。

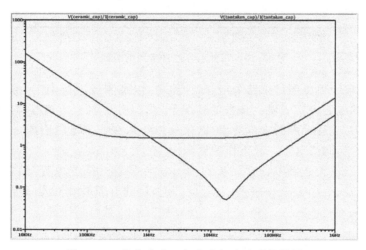

图 13.19 陶瓷电容＋钽电容组合达到的效果

由于其较高的电容值,钽电容器的阻抗在开始阶段低于陶瓷的阻抗,但是较高的 ESR 和 ESL 的影响导致阻抗在 100kHz 附近变平,在 1～10MHz 高于陶瓷电容的阻抗,在 10MHz 附近高出陶瓷的阻抗 10 倍。设想一下,如果电路中的噪声频率在 10MHz 左右,即使钽电容具有更高的电容容值,也不如放置一颗 0.1μF 的陶瓷电容更有效。如果我们要旁路掉更高频率的噪声,这个陶瓷电容也会存在太大的阻抗,我们就需要更低的 ESL,也就是更小的封装。

这就比较容易理解在图 13.16 中,为何在同一个电源引脚并联了三个去耦电容。

（1）4.7μF 的钽电容,对较低频率的噪声滤除比较有效。

（2）0.1μF、0603 的陶瓷电容,对 1～50MHz 区域的噪声滤除效果比钽电容有效。

（3）0.001μF、0402 的陶瓷电容,对于 50MHz 以上的高频噪声滤除比较有效。

三个电容并联去耦的综合效果见图 13.20。

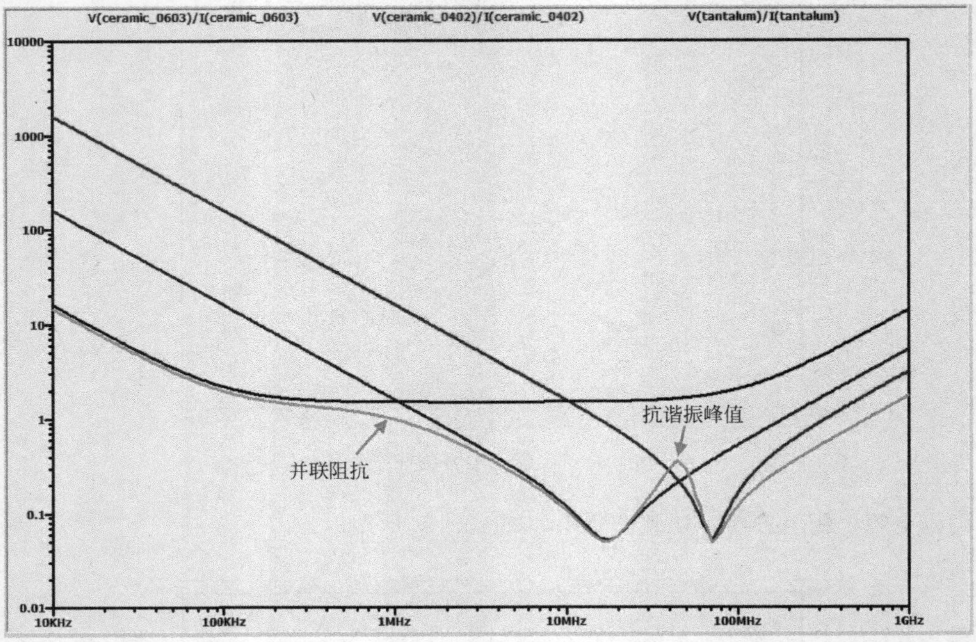

V(ceramic_0603)/I(ceramic_0603)
V(ceramic_0402)/I(ceramic_0402)
V(tantalum)/I(tantalum)
10000
1000
100
10
1
0.1
0.01
10KHz
100KHz
1MHz
10MHz
100MHz
1GHz
抗谐振峰值
并联阻抗

图 13.20 三种电容组合达到的去耦效果

具体的噪声频段可以通过电路分析(时钟频率)以及测量进行确定,由此需要选用相应类型、相应封装的电容进行去耦。多数的情况下,我们用 0.1μF 陶瓷电容搭配一个钽电容,就足以满足系统对电源噪声的去耦效果,这就是为什么在一个电源引脚下会有多个容量大小不同、类型也不相同的电容一起工作的原因。

再给出一张图供大家参考,如图 13.21 所示。即便都是陶瓷电容,随着材料、容值的不同,其去耦的有效频率也是不同的,总之容量越小、封装越小,其自谐振频率点越高,即其最低的等效阻抗的频率点越高。

1000
100
10
1
0.1
0.01
Z/Ω
1nF, X7R
100nF
X7R
1nF, NP0
1
10
100
1000
10 000
f/MHz

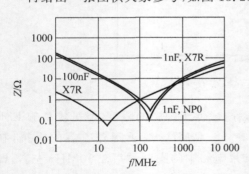

图 13.21 几种不同材料/值的电容的频率特性

那么电容应该选多大合适呢?

用作电源去耦作用的电容的性能取决于两个非理想特性:ESR 和 ESL。事实证明,在电源去耦的应用中,精确的电容值并不重要,这就是为什么“大家都说”以及 IC 制造商都会提供相似的建议:“每个电源引脚上接入 0.1μF 陶瓷电容”,用于各种模拟和数字 IC 的设计。

基于库仑定律的估算在此不再赘述,只需要大家记住结论:IC 厂商给每颗 IC 提供多个电源引脚,每个引脚上只放置一个 0.1μF 的电容,用于平滑该电源电路上的波动而存储的电容量已经足够。0.1μF 是一个比较方便的值,就电容(不考虑 ESR 和 ESL)而言,1μF 或者 0.01μF 其实同样合适。

总之,电容的选择主要依据需要去耦的噪声频率范围。

13.2.3 电容位置的摆放

下面来讲一下选定的电容该放在什么位置？下面是一些最基本的原则：

（1）在电源引脚上放置一个 104（$0.1\mu F$）的电容能够有效抑制电源上的噪声，即能够对电源噪声去耦。

（2）"电源→去耦电容—地"三点一线的距离越近，则去耦的效果越好。

（3）相同材料的电容，即使电容容量减少为原电容量的 1/10，去耦的效果并不会有什么明显变化，我们对于高频去耦用同样封装的器件，电容值分别为 $0.01\mu F$、$0.1\mu F$、$1\mu F$，其使用效果相差不大。

（4）同样容值，贴片（SMD）封装的电容比穿孔的电容效果更好，原因就是穿孔电容的引脚等效的电感要大很多，影响了去耦的效果。

（5）电源平面和地平面的使用，一方面可以让三点一线的路径更短，而且两个平面相当于一个大电容，也起到了去耦的作用。

我们再来看一个实际的典型电路：ADXL345 是一颗加速度计传感器芯片，有两个分得比较开的电源引脚（Pin 1 和 Pin 6），在原理图中使用三个去耦电容来帮助降低传感器电压上的噪声：两个 $0.1\mu F$ 陶瓷电容和一个 $10\mu F$ 的钽电解共同完成去耦功能，如图 13.22 所示。

再看一下最终的 PCB，这个板子密度不高，信号速度也不快，只需要 2 层板就可以了，没有专门的地平面，在无布线的区域采用了大面积铺地的方式来降低公共地（GND）的阻抗，3 颗去耦电容的接地端直接用焊盘跟 GND 相连，与电源引脚连接的另一端则尽可能接近电源引脚，如图 13.23 所示。

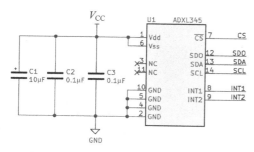

图 13.22 ADXL345 传感器模块的电源装配了 3 颗去耦电容

图 13.23 ADXL345 传感器模块的 PCB 版图（来自 SparkFun）

其实放置去耦电容的规则非常简单：最小化电阻，最小化电感。这是将电容尽可能靠近电源引脚，并使用尽可能短的走线来实现的。理想情况下，如果采用 4 层以上的板子，有专门的地平面、电源平面，可以通过过孔（Via）将器件上的地和电源连接到相应的地平面和电源平面，如图 13.24 所示。

最后简单总结一下去耦电容的使用要点：

• 除非特别说明，一般可为每个电源引脚提供 $0.1\mu F$ 陶瓷电容，最好封装为 0805 或更小（我比较喜欢 0603 封装的，占空间小，性能还好），与 $10\mu F$ 的钽电容或陶瓷电容并联。

- 如果只关心高频噪声,$10\mu\text{F}$ 的电容也可以省去,或者用较小的电容替换它。
- 将高频陶瓷电容尽可能靠近电源引脚放置,并使用短走线和过孔来最大限度地减少寄生电感和电阻。
- 用于低频旁路的较大电容器的位置并不关键,但这些电容器也应该尽可能接近 IC 的电源引脚,容值与封装越大,去耦半径越大,可以对较大区域的电源进行有效去耦,大封装和大容值的去耦电容可以同时管控多个电源引脚的去耦,见图 13.25。
- 电源的去耦电容均匀分布在四周,靠近相应的电源引脚,容值小的电容最靠近引脚,容值大的距离相对较远。

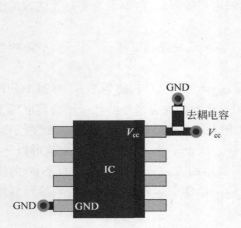

图 13.24 去耦电容放置的位置

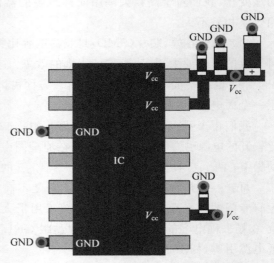

图 13.25 多个去耦电容组合时的分布排列方式

- 如果需要补偿电源的长期偏差,需要大量存储电荷,可以为每个 IC 增加一个更大的电容,例如 $47\mu\text{F}$。
- 如果设计包含非常高的频率或特别敏感的电路,可以使用仿真工具分析旁路网络的 AC 响应(可能很难找到 ESR 和 ESL 的数据参数,特别是考虑到电容的 ESR 随频率变化也很大,尽可能做到最好),还要考虑到多个电容并联以及计入电源平面、地平面等的综合效应。
- 对于电源和地平面的去耦是通过电源和地平面之间形成电容来对高频噪声进行去耦的。应尽可能减小电源和地平面之间的距离,对于高速电路,一般内层会有完整的电源及地平面,这时去耦电容及 IC 的电源、地引脚直接通过过孔打到电源、地平面即可,不需用导线连接起来。

图 13.26 比较了几种去耦电容使用过孔与电源平面、地平面进行连通的方式,从最左侧的效果最差依次编号,直到最右侧效果最佳,当然具体采用哪种方式还要取决于其他因素,综合考虑后做一个折中。

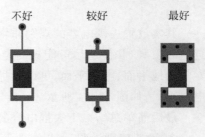

不好　　　　较好　　　　最好

图 13.26 电容的正确布局布线

13.3　多层板的设计要点

随着集成电路的密度越来越高、封装尺寸越来越小、速度越快越快,多数情况下普通的PCB双层板已经无法满足系统性能的要求,例如我们很多工程师都会用到的MCU开发板,即使核心的处理器(MCU)的封装是QFP或更小,双层板完全可以实现系统所要达到的功能。但由于MCU运行的时钟速度越来越快,I/O接口传输数据的速率越来越高,开发板上不仅有高速的数字电路,还有对噪声敏感的传感器、模拟电路等。

仅双层板已经无法保证系统的性能,MCU开发板提供商都会将其做成4层、6层乃至更多层的板子。我们也会发现周围多层板的比例越来越多,对于PCB设计来讲,多层板的设计也是无法回避的一个技术话题。本书的定位为PCB的设计入门,因此对多层板的设计也只讲一些最基本的原则,更深入的技术要求工程师朋友在设计的项目中结合电磁场理论进一步学习和体会。本章我们先看一下什么是多层板?为什么要用多层板?有了这些基本的概念我们再看一下高速板应该如何设计?如何通过多层板的方法保证高速信号的完整性要求,满足高速/高频电路的设计需求。

1. 何谓多层板

电路板除了单面板以外,几乎都是偶数层的板子,也就是2,4,6,8,…层,多层板一般指的是4层以及4层以上的PCB,最高可到多少层呢?我做工程师的时候曾经设计过16层的板子,听说有30多层的板子,PCB设计工具KiCad最高支持到64层。

无论多少层板,元器件都是放在最外面的Top层(有的PCB设计工具叫Front层)/Bottom层(或Back层)上,中间层则用于走线,电路板还有单独的电源层(也叫电源平面Power Plane)、地层(也叫地平面Ground Plane),四层以上的多层板至少有一个单独的层作为接地平面,以保证电路的性能。

PCB的层数越多,加工的成本也就越高,加工的工期也会较长,因此在设计中选用多少层就要根据电路板上用到的器件、系统的性能要求、电路的复杂程度、板卡的物理尺寸以及预期成本等进行权衡。

2. 多层板的优点

多层板带来的优点主要体现在如下4点:

- 节省面积、高装配密度。大量的走线可以通过内部的信号层、电源层进行连接,顶层和底层的面积足以摆放元器件即可,为了使设计更紧凑,而且可以选用更小封装的元器件(例如电阻、电容可以小到使用0201封装)。
- 降低整体重量、减少外部连线。由于采用多层走线,板子的面积减小,元器件封装可以变小,所以整个板子的重量就会降低下来。由于有了更多的走线层(中间层),就可以减少顶层和底层上的走线,因此板子看起来也比较美观。
- 设计灵活、具有更多的走线空间。层数越多,走线的余地也越大,无论是元器件的布局,还是元器件之间的走线设计起来也更灵活。
- 满足EMC、信号完整性等性能要求。多层板可以单独拿出一层或多层用于地平面、电源平面等,平面的阻抗最低,电流的回路最短,对外的辐射也就越小。因此可以大大降低电磁干扰,从而满足 EMC 的需求,高速数字信号的完整性也能得到保障。

3. 多层板的缺点

相对于双层板,多层板的加工成本可能会增加不少,主要来自在如下几部分:

- 加工成本高。需要专用的生产设备,一般的快板加工工艺就无法满足要求,需要更贵重的设备。
- 比较长的产品周期。四层板的加工周期往往比双层板更长,加急费也会更高。
- 设计工具比较昂贵。例如,你用 Eagle 工具来设计 PCB,两层的板子在 8cm×8cm 以内可以使用其免费的版本,而且是全功能的,但要设计四层板就必须使用其收费的版本。
- 测试方法要求比较高。这个很显然,内部的层是很难通过直观的方法测试到的,而且发现了问题通过"飞线"等方式进行调试几乎是不可能的,只有再打一版了。

当然这些缺点也无法阻挡多层板的需要,因为产品毕竟是满足性能需求为前提。

4. 多层板的设计步骤

如果你的项目确实需要使用多层板,在设计的时候需要做如下工作:

(1)了解 PCB 制板厂的要求,如过孔、走线、层数。无论设计哪种板子,都需要你先了解制板厂的加工规则,多层板更是如此。也有一些加工双层板时没有的要求,因此在设计之前需要充分地了解。

(2)设定层数并设定各层的功能。根据 PCB 的物理尺寸、元器件的特性、性能需求、成本预算等来确定板子的层数,并定义好每一层的功能。除了元器件必须放置在顶层和底层之外,走线、地平面、电源平面等都需要根据性能需求来灵活定义。

(3)4 层以上的电路板一般都要设置专门的"接地平面"以获得更好的性能,专门设置一层"电源平面"也会对整体性能的提升有帮助。

5. 四层板的层叠举例

四层板是最常见的多层板,很多时候为了电路的性能,即使在双层板上能够实现所有的布线,也会使用四层板。四层板几种不同的层叠方式(见图 13.27~图 13.30)各有利弊,无法十全十美。

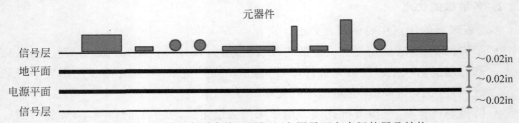

图 13.27　顶层和底层走线,地平面/电源平面在中间的层叠结构

(1)信号层永远要紧邻一个平面(地平面或电源平面),以降低环路区域。

(2)电源和地平面尽可能贴近,可以使去耦电容的效应最大化,降低地平面上的噪声。

(3)高速信号最好在"平面"之间的内嵌层上走线,这样相邻的平面会阻隔高速信号的辐射。

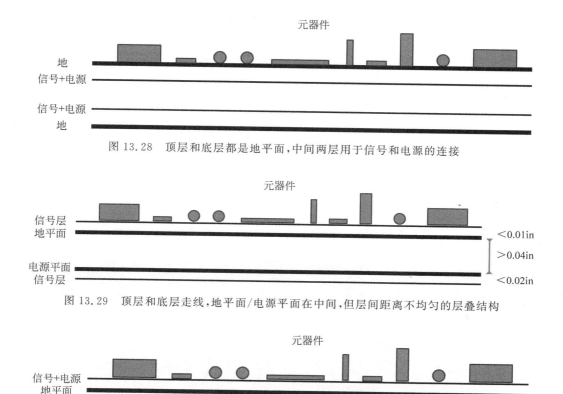

元器件

地
信号+电源

信号+电源
地

图 13.28　顶层和底层都是地平面,中间两层用于信号和电源的连接

元器件

信号层
地平面

电源平面
信号层

<0.01in
>0.04in
<0.02in

图 13.29　顶层和底层走线,地平面/电源平面在中间,但层间距离不均匀的层叠结构

元器件

信号+电源
地平面

地平面
信号+电源

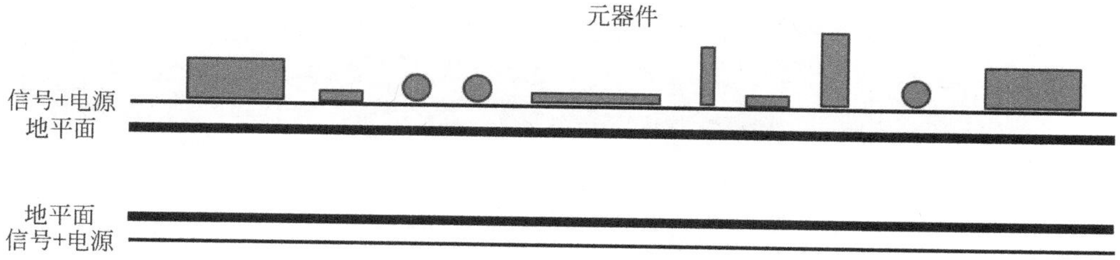

图 13.30　中间两层为地平面,顶层和底层为信号和电源走线层,但层间距离不均匀的层叠结构

（4）多个地平面会降低地平面（参考平面）的阻抗进而降低共模辐射。

13.4　高速信号的设计要点

我们经常提到"高速电路",究竟什么才是"高速"? 并不是频率非常高才算高速,如果低频率时钟的高速上升沿在电路中起作用,那也要按照高速数字电路设计的方式来考虑,下面是 PCB 设计中针对高速信号的传输需要注意的要点。

1. 高速信号的传输延迟

对于上升沿为 1ns 的高速信号,PCB 内超过 2.54～7.6cm 传输线上的阻抗变化就会影响到信号传输的质量。

数字信号上升沿因阻抗影响其信号质量如图 13.31 所示。

2. 元器件同平面的连接

图 13.32 显示了两个要点：去耦电容的两个引脚通过过孔到电源平面和地平面的连接方式,以及 0V 平面（地平面）要比信号层的边缘多出一定的距离（见后面的 20H 原则）。

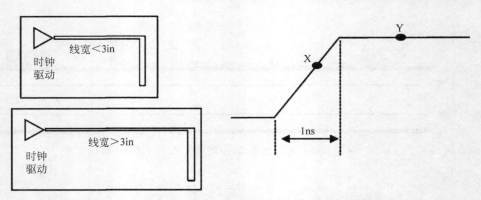

图 13.31　数字信号的上升沿会因阻抗变化影响其信号质量

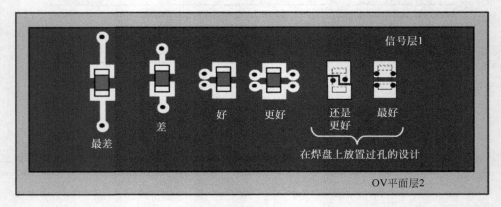

图 13.32　去耦电容同地平面的连接方式

（1）加宽、减短从焊盘或过孔到 0V 平面之间的走线,使得高频噪声信号的回路尽可能短,阻抗低、杂散电容少、电感低。

（2）降低元器件层和接地平面层之间的间距,降低过孔的长度进而降低过孔的阻抗。

（3）最好将载流方向相反的过孔靠近,例如差分信号线。

3. 减少不必要的过孔

　　PCB 上的每一个过孔的加工都是要付费的(据统计,一个 PCB 加工成本的 $30\% \sim 40\%$ 来自于过孔),而任意一个过孔都会带来信号的延迟,因为它们都可以等效为一个串联电感和并联电容构成的低通滤波器,如图 13.33 所示。

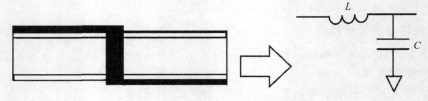

图 13.33　过孔在高频时的等效电路

　　跨层走线连接是通过各种过孔实现的,要注意盲孔、埋孔的使用。

　　PCB 上每个过孔都会带来 1nH 的附加电感和高至 0.5pF 的电容,因此要保证传输信号的质量,尽可能减少过孔的使用。

过孔在高频时等效为一个低通滤波器,它会带来信号延迟,进而影响板子的高频性能。

4. 20H 规则——降低边缘场的辐射

在任何边缘,地平面都超出电源平面 20H 的距离,以降低边缘场的辐射,如图 13.34 所示。

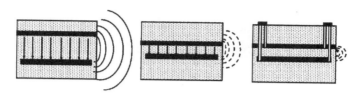

图 13.34 电路板的边缘场辐射

电源平面和地平面要尽可能贴近,而且地平面的边沿要超出电源平面边沿 20 个间距的尺寸,以降低边缘场对其他器件的影响。20H 规则的示意如图 13.35 所示。

5. 3W 规则——降低串扰

PCB 上的信号线要避免平行走线,两根平行的走线会通过电容进行互感,从而导致串扰(Crosstalk),如图 13.36 所示。实在不得已要进行平行走线的时候,就要保证两根走线的中心距离大于其线宽的 3 倍,并尽可能在走线下面铺设 0V 平面。

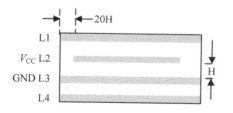

图 13.35 20H 规则的示意(没有严格按照实际比例) 图 13.36 板上走线由于电磁互感导致的交调

6. 保护并联走线

对于发射能力比较强的信号线,最好在其边上铺设保护线,而保护线的两端都与 0V 平面相连接,如果走线较长,最好是每隔一段距离在保护线上通过过孔同接地平面进行连接,这个间隔可以是信号线上的信号波长的 1/20。在高发射能力的走线周边的保护线示意图如图 13.37 所示。

- 保护走线最好在两端都接地。
- 如果保护线比较长,最好是多点接到地平面,两点之间的距离为信号波长的 1/20。
- 最好在关键的信号线下面加入并行的走线,隔离电场。

7. 一些关键器件的摆放位置

对于辐射能力强的 IC 或晶体,其摆放位置也是有要求的,不能靠近板子的边缘,因为它们会产生高密度的近场辐射,可以在下面铺设地平面构成镜像来终结辐射场,而这样的平面需要比元器件的边沿多出至少 5mm 的距离。

- 高速数字器件和晶体产生高密度的近场辐射。

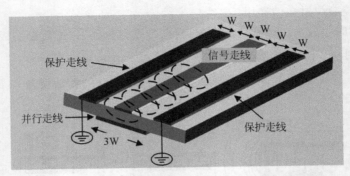

图 13.37　在高发射能力的走线周边的保护线

- 在这些器件下面放置连续的镜像平面终结辐射场。
- 数字信号的 IC 如果其上升时间短于 2ns 或者模拟器件工作频率在 200MHz 以上的,在其下面应该放置一体化的信号平面,并且超出其边缘至少 5mm。

第 14 章

设计资源参考

14.1 电子工程师常用资源参考网站

- 电子森林：电子工程师的资源图书馆；
- FPGA 学习：FPGA 入门学习平台；
- 与非网：电子工程师的媒体平台；
- 数据手册查询：权威、丰富的元器件数据手册、设计资源；
- 买芯片：电子元器件一站式比价购买网站。

14.2 主要元器件制造厂商

1. 模拟器件厂商

- 德州仪器（Texas Instruments）；
- 亚德诺（Analog Devices）；
- 美信半导体（Maxim Integrated）；
- 英飞凌（Infineon）。

2. 电源器件厂商

- 亚德诺；
- 美信半导体；
- Power Integrations；
- MPS；
- 德州仪器。

3. 传感器器件厂商

- 艾迈斯半导体(AMS AG);
- 盛思锐(Sensirion);
- 意法半导体;
- 美信半导体;
- 亚德诺;
- TDK(Tokyo Denki Kagaku Kogyo K. K)。

4. FPGA 器件厂商

- Altera/Intel;
- Lattice Semiconductor;
- Xilinx;
- Microchip;
- Efinix。

5. MCU/MPU 器件厂商

- Microchip;
- NXP;
- 意法半导体;
- 德州仪器;
- 英飞凌;
- Silicon Labs;
- 瑞萨电子。

6. 通信器件厂商

- 博通(Broadcom);
- 英飞凌;
- 乐鑫;
- Nordic Semiconductor;
- Dialog Semiconductor。

7. 国产元器件厂商

- 圣邦微电子;
- 思瑞浦;
- 南京沁恒;
- 乐鑫。

8. 元器件分销商

- Digi-Key;
- Mouser;
- Arrow;
- Avnet;

- RS Components。

9.测试测量仪器厂商

- Tektronix；
- Keysight Technologies；
- Rigol；
- Rohde & Schwarz；
- NI；
- Digilent/NI-口袋仪器 AD2；
- ADI-口袋仪器 M2000。

14.3　PCB 设计工具

- Altium Designer；
- KiCad；
- OrCad；
- PADS；
- PowerPCB；
- Scheme-it；
- Circuito.io。

14.4　PCB 设计库资源

- Ultra Librarian；
- SamacSys(已被 SupplyFrame 收购)；
- SnapEDA；
- 3dcomtentcentral。

14.5　电路仿真工具

- CircuitJS；
- LTSpice；
- ADI 的模拟滤波器设计向导；
- DDS 设计仿真；
- Webench 电源设计。

14.6 项目参考网站

- SupplyFrame 的 Hackaday.io；
- Avnet 的 Hackster.io；
- Digi-Key 的 Maker.io；
- Arduino 的 Project Hub；
- Instructables；
- Electronic Hub；
- Electronics-lab；
- Kitspace.org；
- All About Circuits。
- 众筹网站：
  ◆ CrowdSupply；
  ◆ Indiegogo；
  ◆ Kickstarter。

14.7 开源平台及提供商

- Arduino；
- 树莓派（Raspberry-Pi）；
- 乐鑫的 ESP32/ESP8266；
- 小脚丫 FPGA；
- Adafruit；
- SparkFun；
- SupplyFrame 旗下的 Tindie；
- Last Minute Engineers；
- Seeed Stuido；
- DFRobot；
- 微雪电子。

第 15 章

元器件常用原理图符号和PCB封装

印制电路板（PCB）的作用就是承载元器件，并通过走线实现这些元器件之间的电气连接，因此元器件是原理图的基本单元。不同的元器件使用不同的功能单元符号（Symbol）出现在电路原理图上。

不同功能的元器件的形状是不同的，例如电阻、电容、运算放大器等，这些元器件都有约定俗成的形状，如图 15.1 所示。

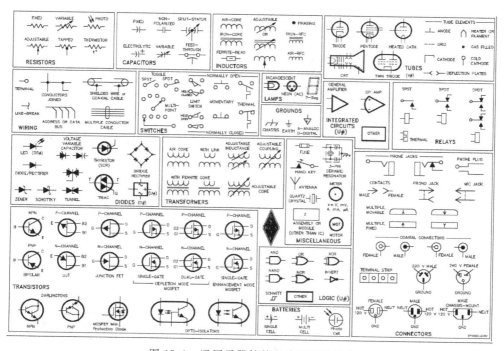

图 15.1　通用元器件的电路原理图符号

　　将来我们绘制电路原理图,遇到这些功能器件的时候尽可能按照这些符号的形状创建元器件的符号,自己独创不同的元器件符号只会让阅读你电路图的用户不解。

15.1　电阻

　　电阻是电路中最常用的元器件,我们会遇到两种不同的原理图符号,一种是长方形加上两个引脚,这是国际通用的对电阻的标识。还有一种是锯齿状的,是美国常用的一种表示电阻的符号,如图 15.2 所示。电阻的参考标识符为 R(Resistor 的第一个字母)。色码电阻实物如图 15.3 所示。

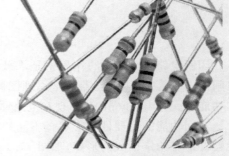

图 15.2　电阻的原理图符号,左侧为国际通用的电阻
　　　　　符号,右侧为美国常用的电阻符号

图 15.3　色码电阻

1. 可变电阻

　　可变电阻,例如电位器和可调电阻,都是可以人为改变其电阻值的电阻器件,如图 15.4 所示。只有两端的可调电阻用一个带斜剪头的电阻标识,而电位器(3 个端口)则在电阻符号的一侧增加了一个箭头。可调变阻器的实物图如图 15.5 所示。

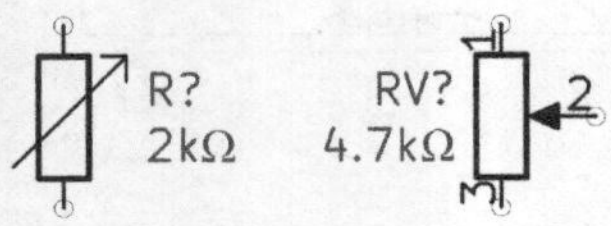

图 15.4　变阻器和电位器的原理图符号

图 15.5　各种可调变阻器的实物图

可变电阻的参考标识符也是以 R 开始,有时候也会以 VR(电位器或变阻器) 开始或 RV 开始(变阻器)。

2. 电阻网络

有的设计中会同时用多个相同阻值的电阻,例如多个引脚的上拉、发送端总线的阻抗匹配等,可以选用集成在一起的电阻网络(如图 15.6 所示,左侧的为多个电阻共用一个公共端、右侧为分立的多个电阻放在一个封装里),可以节省板卡的面积,板子看起来比较美观,焊接也比较方便。它们的参考标识符一般以 RN(Resistor Network)开始。电阻网络的实物如图 15.7 所示。

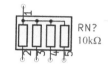 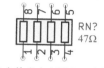

(a) 几个电阻共用一个端口　　(b) 分立的多个电阻在一个封装内

图 15.6　电阻网络

图 15.7　电阻网络的实物

15.2　电容

电容同样也是很常用的器件,符号是两天线中间有空间隔开,表征了其物理构成——两个电荷板,中间为电介质。有两种最常用的区分就是有极性的电容和无极性的电容,有极性的电容一般为弯曲的一条线,代表负极,或者通过＋极性符号来标识,在新的设计中弯曲线的符号越来越少见了。电容的参考标识符以 C(Capacitor 的第一个字母)开头,如图 15.8 所示。

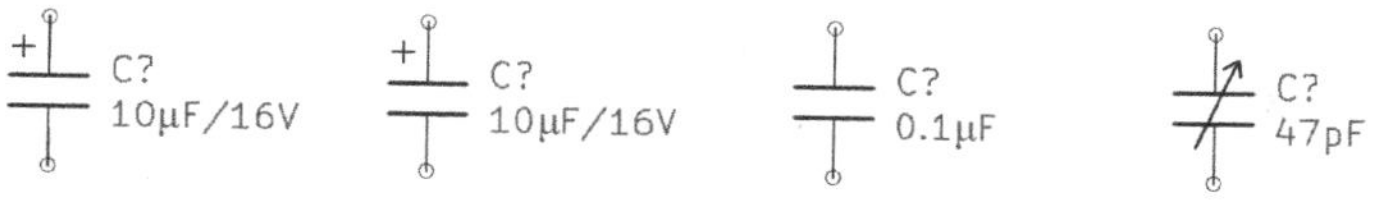

图 15.8　电容的原理图符号

左侧两个为极性电容,右侧两个为无极性电容,最后一个还是可调电容。

15.3　电感

电感和电阻、电容一样是最基础的无源器件。其原理图的符号代表了其内部结构,一般都是在芯材料上绕一些线圈构成,根据其构成方式不同其原理图符号也不同。电容的形状如图 15.9 所示。电感的参考标识符为 L,如图 15.10 所示。

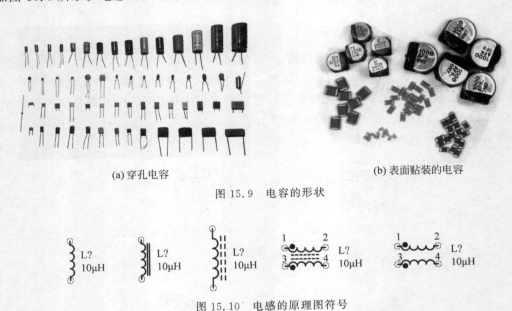

(a) 穿孔电容   (b) 表面贴装的电容

图 15.9   电容的形状

图 15.10   电感的原理图符号

15.4   按键/开关

开关一般会显示内部有多少个引脚、多少个触点,参见图 15.11 中的 4 种不同的开关,第一个为单刀单掷开关,第二个为单刀双掷开关,第三个为双刀单掷开关,第四个为分成两个符号画的双刀双掷开关的原理图符号。这些开关的参考标识符都以 SW(Switch 的头两个字母)开头。

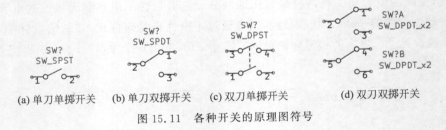

(a) 单刀单掷开关   (b) 单刀双掷开关   (c) 双刀单掷开关   (d) 双刀双掷开关

图 15.11   各种开关的原理图符号

另外我们常用到的还有拨码开关、矩阵键盘等,如图 15.12 所示。

图 15.12   各种开关的实物图片

15.5　电源

任何电子产品都需要供电,因此在电路图中电源和地的符号是必不可少的,给电路供电的电源可以是交流电,也可以是直流电,且电压值不同。大多数情况下的电子设备都使用恒定电压源。我们可以使用这两个符号中的任何一个来定义电源是提供直流电(DC)还是提供交流电(AC)。

电池,无论是碱性 AA 电池,还是可充电锂聚合物,通常看起来像一对一长一短的平行线外加一个极性符号"＋",如果是多个电池串联,即使超过两个,也是用两对长、短平行的线外加一个极性标记来标识。电池的原理图符号如图 15.13 所示。

电源原理图符号如图 15.14 所示。

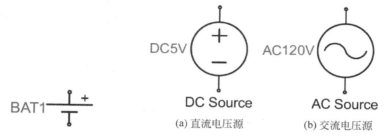

图 15.13　电池的原理图符号

(a) 直流电压源　　(b) 交流电压源

图 15.14　电源的原理图符号

电池都是用"B"(Battery 的第一个字母)来作为其参考标识符的首字母。

有时在非常拥挤的原理图上,我们可以为节点电压分配特殊符号。大家可以将元器件连接到这些单端符号,它将直接连接到 5V、3.3V、V_{CC} 或 GND (地)。正电压节点通常用向上的箭头表示,而接地节点通常包括 1~3 条扁平线(有时是一个向下的箭头或三角形),如图 15.15 所示。

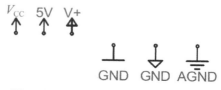

图 15.15　几种不同的电源和接地符号

15.6　二极管

二极管是单向导电的元器件,有多种类型,例如 Zener 二极管、肖特基二极管(开关速度更快且前向压降更低)、发光二极管(电流正向流动的时候会发光)、光敏二极管等。不同的二极管在符号上是不同的。

普通的二极管通常用压在一条线上的三角形表示。二极管是有极性的,因此两个引脚需要极性标识符,正极/阳极是进入三角形平坦边缘的引脚,负极/阴极是从三角形中线延伸出的引脚。

二极管有很多种类型,每种二极管都是在标准二极管符号上做一些特殊的标识。如

图 15.16 所示,第 2 排左侧的发光二极管(LED)和右侧的光电二极管(由接收到的光产生电能,基本上可看成是一个微小的太阳能电池)。其他特殊类型的二极管,如肖特基或齐纳二极管,都有自己的符号,符号的形状略有不同。

在电路图中一般用 D 或 Z(Zener 二极管)作为其参考标识符,LED 会作为参考标识符的起始字母,二极管实物图如图 15.17 所示。

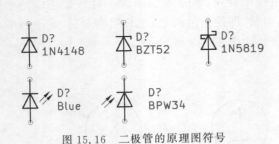

图 15.16　二极管的原理图符号

图 15.17　常见的二极管的实物形状

15.7　三极管

三极管就像电子开关一样,其某个区域的偏置电压或电流会打开整个端口的电流,三极管大体上可以分两种:一种为双极结型三极管(BJT);另一种为场效应管(FET)。无论是BJT 还是 FET,都有正掺杂或负掺杂之分,因此对于这些类型的三极管,至少有两种方法来绘制它。

简单来说,BJT 是电流控制型的器件,流入或流出栅极的电流会打开通往集电极和发射极引脚的大电流;而 FET 则是电压控制型器件,其门极的电压能够打开流通到漏极和源极的电流。对于三极管来讲,根据其内部结构的不同,有多种不同的符号表示方式。

三极管一般以"Q"作为其参考标识符的第一个字母,对于 MOSFET 有时也用"M"来表示。

BJT 有 3 个引脚:集电极(C)、发射极(E)和基极(B);BJT 有两种类型:NPN 和 PNP 型,每种都有自己独特的符号,如图 15.18 左侧为 NPN型三极管,右侧为 PNP 型的三极管。

与 BJT 一样,金属氧化物场效应三极管MOSFET 也有 3 个引脚,分别为源极(S)、漏极(D)和栅极(G)。同样,它们的原理图符号有两种,N 沟道或 P 沟道 MOSFET。每种 MOSFET 类型

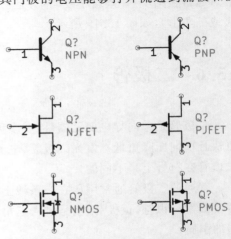

图 15.18　常用三极管的原理图符号

都有许多常用符号,见图 15.19。

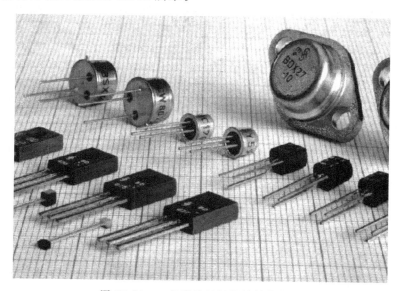

图 15.19　MOSFET 的原理图符号

常见三极管封装实物如图 15.20 所示。

图 15.20　一些常见三极管的封装实物

符号中间的箭头可定义 MOSFET 是 N 沟道还是 P 沟道。如果箭头指向内意味着它是一个 N 沟道 MOSFET,如果它指向外则是一个 P 沟道。

15.8　数字逻辑门

标准逻辑功能,如 AND、OR、XOR 和 NOT 都具有唯一的原理图符号,如图 15.21 所示。

图 15.21　几种基本门电路的原理图符号-与门、或门、异或门、非门

在输出端添加一个圆圈为逻辑取反,从而产生 NAND、NOR 和 XNOR,如图 15.22 所示。

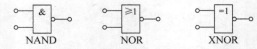

图 15.22   几种基本非门的原理图符号-与非门、或非门、异或非门

它们可能有两个以上的输入,但形状应该保持不变,并且应该仍然只有一个输出。

15.9   集成电路(IC)

集成电路是为了实现某种特定的功能而将规模比较大的电路集成在一起做成的元器件,例如处理器、存储器、运算放大器、稳压器件等,因此它们的种类非常多,没有什么独特的符号。通常,集成电路都是用矩形作为轮廓,其引脚从侧面延伸出来(有点像它们被安装到电路板上的样子),每个引脚都应标有引脚的号码以及功能名称,如图 15.23 所示。

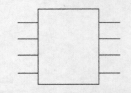

图 15.23   集成电路原理图符号的一般画法

集成电路一般用 U 或 IC 作为其参考标识符的起始字母,例如 U3、IC5 等。

图 15.24 中包含 ATMEGA328P 微控制器(Arduino 常用的器件),ATSHA204 加密 IC 和 ATtiny45 MCU 的原理图符号。

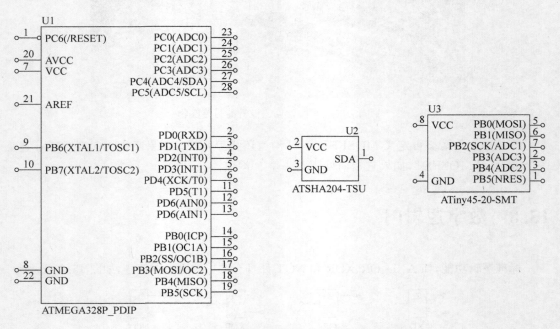

图 15.24   3 种集成电路器件的原理图符号举例

　　这些元器件的大小和引脚数量差异还是比较大的。由于集成电路一般采用这样的通用电路符号,因此名称、值和标签变得非常重要,每个IC应具有能精确识别芯片名称的标识。
　　MPU6050的封装如图15.25所示。

图 15.25　MPU6050 的封装——带散热焊盘的 QFN 封装

15.10　独特的 IC:运算放大器和稳压器

　　一些更常见的集成电路确实有其独特的电路原理图符号,例如运算放大器一般用图15.26中所示的方式来表示,它有5个引脚:正相输入(+)、反相输入(-)、输出和两个电源输入。

　　通常,在一个IC封装中内置两个运算放大器,它们只需要画出一个电源引脚和一个接地引脚即可。运算放大器和比较器从原理图的符号上几乎是一模一样的,因为其本质上也是一种元器件,只是工作的状态不同,它们的参考标识符同样也是以U或IC开始的,只是有些时候也有工程师喜欢用OP作为其参考标识符。

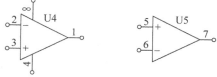

图 15.26　运算放大器常用的原理图符号

　　简单的稳压器通常是3个引脚的器件:输入、输出和接地(或调节)引脚。它们通常采用矩形的形状,引脚分别在左侧(输入)、右侧(输出)和底部(接地/调整),如图15.27所示。

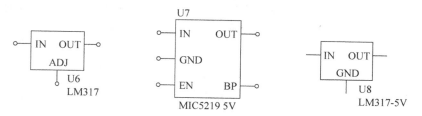

图 15.27　三端稳压器的原理图符号

15.11　晶体和谐振器

　　晶体或谐振器通常是微控制器电路的关键部分,用于给微控制器提供时钟信号。晶体符号通常有两个端子,而为晶体添加两个电容器的谐振器通常有三个端子。它们的参考标识符一般为“Y”,有时候也会用“X”作为首字母,如图15.28所示。

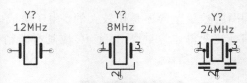

图 15.28　晶体和谐振器的原理图符号

15.12　接头和连接器

　　无论是提供电源还是发送信息,连接器是大部分电路的必备元器件,连接器有很多种,因此符号的样子也多种多样。这些符号尽可能跟实际的物理形状接近。这些符号取决于连接器的外观,图 15.29 是一些连接器的符号示例。

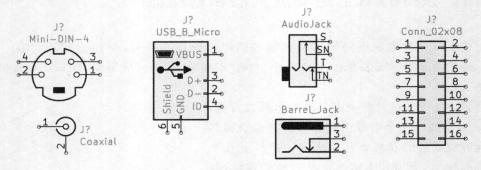

图 15.29　接头和连接器的原理图符号

　　连接器和插头在电路原理图中一般以字母"J"(Jack)或"P"(Plug)来作为其参考标识符的第一个字母,连接器实物图如图 15.30 所示。

图 15.30　各种连接器的封装实物

15.13　电机、变压器、扬声器和继电器

　　我们很容易将它们混为一谈,因为它们(大多数)都以某种方式使用线圈。变压器通常使用两个线圈,相互对接,有几条线将它们分开,变压器符号本身会表征其构成模式,如图 15.31 所示。

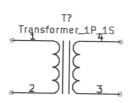
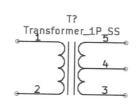
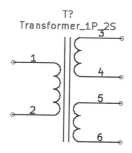

图 15.31 变压器的原理图符号

电机通常包含一个环绕的"M",有时在终端周围加点点缀。

变压器一般以"T"作为其参考标识符的首字母。

扬声器和蜂鸣器通常采用与其物理性状相似的形式。

继电器通常将线圈与开关配对,原理图符号如图 15.32 所示。

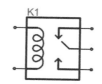

图 15.32 继电器的原理图符号

15.14 熔丝和 PTC

熔丝和 PTC(Positive Temperature Coefficient Devices)都是电路保护器件,它们在有太大电流流过的时候会烧断或极大地增大阻抗,通常用于限制大电流的设备,图 15.33 是其原理图符号。

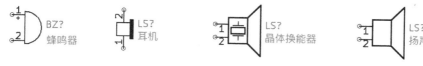

图 15.33 扬声器和蜂鸣器的原理图符号

熔丝的符号很像字母"S",其参考标识符以"F"(Fuse 的第一个字母)开头,PTC 符号实际上是热敏电阻的通用符号,是一个与温度相关的电阻,其参考标识符以"R""VR""PTC"开头。电机原理图符号、熔丝和 PTC 原理图符号如图 15.34 和图 15.35 所示。

图 15.34 电机(也称为马达)的原理图符号

图 15.35 熔丝和 PTC 的原理图符号

15.15 非元器件符号

在原理图上我们会经常看到一些这样的符号，它们并没有对应实际的物理器件，只代表了 PCB 上需要的某种物理器件，如测试点和定位孔，如图 15.36 所示。

TP?
TP?
TP?
TP?
1
2

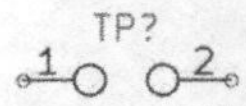

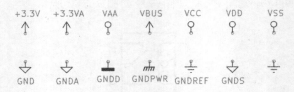

图 15.36 测试点的符号

还有代表电源和地的符号，如图 15.37 所示。根据不同性质的电源和地，会有不同的符号。

+3.3V
+3.3VA
VAA
VBUS
VCC
VDD
VSS
GND
GNDA
GNDD
GNDPWR
GNDREF
GNDS

图 15.37 电源和接地的符号

非元器件的符号有的没有参考标识符，测试点以"TP"开始，定位孔以"MH"(MountingHole 的两个字母)或"X"(未指定类别的)开始。

第 16 章

实战项目：低成本DDS任意信号发生器

PCB 的设计是一个需要亲自动手实践的过程，为加深大家对每个环节知识点和技能点的理解，本书特设了一个实战项目：自己动手制作一个低成本的 DDS 任意信号发生器，并在各个章节的最后部分根据本章节的内容给出了设计该项目时要考虑的一些要点，让读者在循序渐进的学习过程中，能够通过这个实际的案例，体验教程中讲解到的一些核心技能要点。

基于项目的需求，完成一个硬件项目从设计到实现的完整流程，包含方案设计、原理图绘制、PCB 布局布线，发送 Gerber 文件制板，最终能够自己焊接、调试得到一个能够通过 FPGA 编程使用的作品。

建议阅读这本教程的同学，都能够将这个项目实际操作一遍，学会：

（1）PCB 的规范化设计流程以及 KiCad 工具的使用。

（2）FPGA 的应用及 Verilog 的编程。

（3）通过直接数字合成（DDS）产生任意信号的工作原理以及外围模拟电路的设计，能够理解测试测量仪器中信号的基本概念、属性以及构成方式。

下面就是该项目的具体信息。

16.1　项目需求

项目名称：制作一个基于 DDS（直接数字合成）技术的低成本任意信号发生器。

- 可以输出最高 10MHz 频率分量的任意波形信号，频率可调精度为 1Hz。
- V_{pp} 的输出信号幅度范围为 100mV～8V（10MHz 时）可调，其直流偏移能够在 -4～$+4$V 之间调节。
- 波形参数的设置，如波形、频率、幅度、直流偏移等可以通过 UART 接口由上位机 PC 直接控制。

- 可以通过 PCB 上的 Micro USB 端口给板卡供电。
- DIY 制作的总成本(必要的元器件物料＋制板费用等)不超过 100 元。

16.2 项目方案

现在的信号源,尤其是任意信号发生器基本是基于 DDS(直接数字合成)的方式来实现的。构造 DDS 的方式也有多种,比较直接的是购买现成的 DDS 芯片搭配单片机来实现,单片机通过 SPI 接口配置 DDS 芯片的内部寄存器得到所需要的波形和频率等。如图 16.1 所示,看到 Analog Devices 公司的一系列 DDS 器件可以覆盖转换率从 25MSPS～3.5GSPS,分辨率从 10～14 位,且不同的芯片内部还有其他附加的功能,根据自己的需求选择一款合适的 DDS 器件就可以很方便地搭建出一款信号发生器来。创客玩家以及高校做电赛的同学们常用的器件就是 AD985x 系列的 DDS 芯片,转换率可达 125MSPS 以上。硬禾学堂也基于 AD9837(与 AD9833 功能和引脚兼容)和 AD9102 做了两款邮票孔封装的模块,方便大家安装在面包板上或焊接在 PCB 上直接使用。

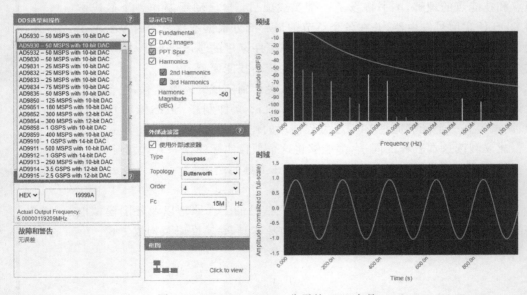

图 16.1 Analog Devices 公司的 DDS 产品

用现成的 DDS 芯片的缺点就是灵活度不够,每一个型号都有固定的功能,即使通过寄存器进行编程,也只能在该器件标定的功能范围内使用,要获得随心所欲的灵活性是很难的。多数 DDS 芯片输出的波形有限,只是正弦波、三角波和方波等常规的波形,只有很少的器件(例如我们用过的 AD9102)可以让你产生"任意波形",即该芯片内部有 RAM,可以把你要产生的任意波形数据传输进去,然后再通过高速 DAC 输出为模拟信号。

现有的 DDS 芯片一般零售价都比较高,能够实现"任意波形"的芯片则更贵,再搭配上外围的电路,将整个系统的成本控制在 100 元以内是比较困难的。

作为一款工程师自己设计、焊接的产品,综合考虑项目需求中的性能指标以及成本要求,基于 FPGA＋高速 DAC 的方案就成了更优的选择,如图 16.2 所示。

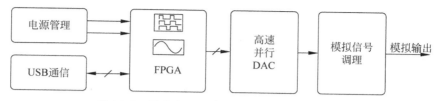

图 16.2 低成本 DDS 任意信号发生器功能框图

按照项目的设计流程,确定了系统实现的方案,基于项目的功能和性能的需求来选择合适的元器件。

下面是框图中每个部分的核心器件的选用原则:

(1) FPGA 可以从 Xilinx、Intel/Altera、Lattice Semi 三家公司中进行选择。

选用原则如下:

* 资源能够实现 DDS 逻辑、任意波形的波表存储以及通信、控制等功能。
* 运行速度及 I/O 接口的速度要能够搭配高速的 DAC,通过 DAC 转换能够产生 10MHz 以上的模拟信号。
* 元器件要方便手工焊接(排除掉 BGA 封装的器件)。
* 价格要尽可能便宜。
* 供货没有问题。

(2) 高速 DAC 的选用原则。

* 10MHz 的模拟信号必须选用高速(转换率 25MSPS 以上)并行的 DAC,转换率越高,得到的模拟信号每个周期的样点数越多。一般以一个周期的信号有 10 个点以上组成为好,且其混叠频谱距离被生成的信号越远越好,比较容易滤除。
* 输出信号幅度 V_{pp} 的动态范围为 100mV～8V,输出信号幅度跨越 80 倍的动态范围,考虑到生成可用的信号至少需要 5 位的数据,相当于总体有 12 位的变化范围(至少 5 位用于生成波形、7 位用于 80 倍的动态范围调节)。第一种方案是直接采用 12 位的高速 DAC,在数字域进行幅度和直流偏移的调节;第二种方案是采用内部参考电流,可以有 4:1 以上调节空间的 10 位 DAC(例如 AD9740);第三种方案是采用 8 位以上分辨率的 DAC,外部搭配一个压控增益放大器(VCA)进行输出信号幅度的调节。
* 能够提供高速 DAC 的可选半导体供应商,如 ADI、TI、Maxim、瑞萨、3PEAK 公司等。
* 可以用 24 个精度达到 1% 的电阻,以 R-2R 的方式构成 12 位高速 DAC,R-2R 是很多高速 DAC 构成的基本架构,在这里我们可以直接使用电阻网络搭建。
* 价格要足够低,满足整个项目的系统成本低于 100 元的要求。

(3) 运算放大器的选用原则。

* 输出最高幅度为 $V_{pp}=8V$,这就要求至少 ±5V 的双电压供电,且支持轨到轨输出。
* 带宽要足够,尤其是在输出 $V_{pp}=8V$ 的信号的时候,能够达到在 10MHz 以上的带宽。
* 可选厂商如 ADI、TI、美信、Microchip、3PEAK、圣邦微公司等。

（4）电源变换的选用原则。

- 能够从 USB 输入的 5V 直流电压中产生 FPGA 需要的 3.3V 直流电压，电流在 200mA 以内。
- 能够从 USB 输入的 5V 直流电压中产生运算放大器需要的−5V 直流电压，电流在 10mA 以内。
- 可选厂商如 TI、ADI、美信、Microchip、3PEAK、圣邦微公司等。

（5）UART 通信器件选用原则。

- 能够实现 USB 到 UART 的转换。
- 可选厂商如 Cypress、FTDI、ST、NXP、Silicon Labs、南京沁恒公司等。

基于这些原则，再考虑到性价比、开发工具的易用性等因素，最后确定下来核心器件如表 16.1 所示。

表 16.1　核心元器件以及成本估算

功　　能	元　器　件	估算价格/元
FPGA	Lattice Semiconductor 的 XO2-1200-QFN32	45
DAC	采用 12 个 1kΩ 电阻、12 个 2kΩ 电阻构成的 R-2R 高速 DAC，电阻的精度为 1% 或更高	1
模拟链路	1 颗圣邦微公司的 SGM8301 或 3PEAK 公司的 TPH2501，二者引脚兼容	3
电源变换	5V 转 3.3V 的 LDO：Microchip 公司的 MIC5504-3.3YM5（LDO）或 3PEAK 公司的 TPF740-3.3；二者引脚兼容 5V 转−5V 的逆变电源芯片：TI 公司的 LM2776（电荷泵，也叫开关电容变换器）	10
UART 通信	南京沁恒公司的 CH340E	2
其他阻容、连接器		5
制板	双层快板即可，面积在 10cm² 之内	5
总计		71

满足项目的设计目标：自己设计两层板，再发送到快板厂去打板，单品成本只有 70 元左右，满足成本不高于 100 元的要求。

在项目的设计和调试过程中，需要用到一些工具，能够在 PCB 设计前进行必要的验证，并在后期的调试中用作详细的设计，实现最终的性能指标。

- FPGA 设计工具：使用 Lattice Semiconductor 公司的 Diamond，针对目前选用的元器件免费使用，且安装便捷、编译快速，在设计 PCB 之前也可以迅速验证所选用的元器件从资源方面是否满足需求：
  - ◆ DDS 的构成；
  - ◆ FPGA 的资源，如逻辑资源、存储资源、引脚数、供电电压及电流；
  - ◆ FPGA 能够达到的性能；
  - ◆ IP-PLL、Sine 表、ROM 等现成的 IP 可以使用。
- 模拟电路设计仿真工具：采用 LTSpice 或 MultiSim 对所选用的运算放大器以及其构成的模拟电路进行仿真分析，以确保所选的元器件及相应的电路拓扑准确无误。

经过前期的仿真、验证，确定了元器件以后的方案框图，如图 16.3 所示。

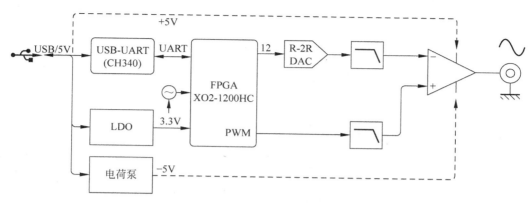

图 16.3 低成本 DDS 任意信号发生器的方案构成框图

基于项目的性能要求选定了实施的方案，并确定了关键元器件的具体型号，在后续的电路设计中针对这些器件要注意哪些具体的指标呢？在阅读这些元器件的数据手册，进行原理图绘制的时候，通过对这些指标的关注，才可以实现正确的电路搭配、元器件之间的相互连接以及供电电源的设计。以下是这些主要元器件需要关注的技术要点。

（1）FPGA：Lattice Semiconductor 公司的 XO2-1200HC
- 内部资源：逻辑资源、Block RAM。
- 时钟资源：外部时钟连接需要的引脚、内部时钟的频率。
- 供电电压及范围。
- 封装、特殊引脚的处理。
- 编程的方式以及需要配置的引脚。

（2）高频运算放大器：圣邦微公司的 SGM8301 或 3PEAK 公司的 TPH2501
- 带宽、增益带宽积。
- 输入电压范围、输出电压范围。
- 封装、引脚。
- 供电电压及范围。

（3）USB 接口器件：南京沁恒公司的 CH340E
- 同 USB 端口的引脚连接方式。
- 时钟的选用。
- 供电电压要求。
- 封装、引脚。

（4）5V 转 3.3V 的低压差线性稳压器（LDO）：Microchip 公司的 MIC5504-3.3 或 3PEAK 公司的 TPF740-3.3
- 支持的负载电流。
- 纹波电压、PSRR。
- 输入和输出电压差的最小值。
- 引脚、封装，注意选择正确的型号。

（5）5V 转 −5V 的电荷泵器件：TI 公司的 LM2776
- 输出电压范围：查看输入电压、负载电流和输出电压之间的关系。

PCB设计流程、规范和技巧

- 支持的负载电流：查看输入电压、输出电压和负载电流的关系曲线。
- 纹波电压：评估开关噪声是否会对运放的性能产生影响。
- 封装、引脚。
- 外围关键元器件的使用，尤其是开关电容、输入/输出端的滤波电容。

16.3 元器件库的获取和构建

元器件库是 PCB 设计的基础单元，它包括原理图符号、PCB 封装以及该器件的描述信息。原理图的绘制需要将本项目中用到的所有元器件的原理图符号事先准备好，PCB 的布局、布线也需要将本项目中用到的所有元器件的封装准备好。为了方便观察实际的效果，PCB 的封装最好还要附带对应的 3D 模型，有了 3D 模型的帮助，可以大大降低设计中出现问题的概率。

正如前文所讲，元器件库的来源有多个渠道，如果有现成可用的，而且是经过验证确认准确无误的元器件库，可以直接来用，如果找不到该元器件的库文件，那就自己创建。本书使用的 PCB 设计工具 KiCad 自带丰富的元器件库，尤其是封装库以及相应的 3D 模型数据，这个项目中用到的大部分元器件都能够在 KiCad 的库里找到。有些元器件的原理图符号在 KiCad 的库里没有，但可以从一些资源网站上下载，例如 Lattice Semiconductor 公司的 XO2-1200HC-QFN32，就可以在 Ultra Librarian 上查找到，并下载，且有 3D 模型。图 16.4 中列出了项目中的主要元器件，CAD 工具中都自带的电阻、电容和接插件，这些常用的元器件就不再列出了。

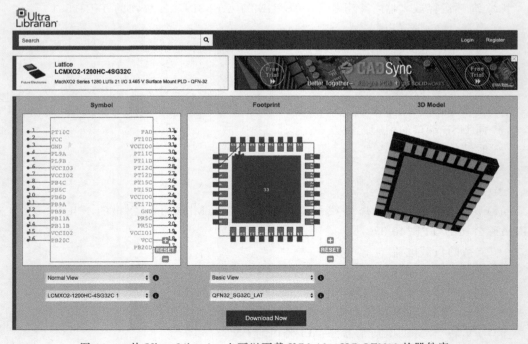

图 16.4 从 Ultra Librarian 上可以下载 XO2-1200HC-QFN32 的器件库

项目中用到的元器件及构建渠道如表16.2所示。

表16.2 核心元器件的库文件来源

元 器 件	型 号	原理图符号	封 装 库	3D模型
FPGA	XO2-1200HC-QN32	Ultra Librarian 下载修改	QFN-32，KiCad 库自带	KiCad 库自带
USB-UART 转换	CH340E	根据数据手册自建	MSOP-10，KiCad 库自带	KiCad 库自带
高速运算放大器	SGM8301 或 TPH2501	同 KiCad 自带的 ADA4841-1 兼容，可以直接修改型号调用	SOT-23-5，KiCad 库自带	KiCad 库自带
5～3.3V LDO	MIC5504-3.3 或 TPF740-3.3	KiCad 库自带 MIC5504，TPF740 可以使用同样的符号	SOT-23-5，KiCad 库自带	KiCad 库自带
5～−5V 电荷泵	LM2776	KiCad 库自带	SOT-23-6，KiCad 库自带	KiCad 库自带
16MHz 晶体振荡器	2.5×2.0mm	KiCad 库自带	KiCad 库自带	KiCad 库自带
射频插座	MMCX 直立插座	KiCad 库自带	KiCad 库自带	KiCad 库自带
电阻/电容	0603 封装的器件	KiCad 库自带	KiCad 库自带	KiCad 库自带
USB 接头	USB_Micro-B_Molex-105017-0001	KiCad 库自带	KiCad 库自带	KiCad 库自带

由表16.2可见，多数的元器件在 KiCad 官方自带的元器件库里都能够找到，需要开发者找到合适对应的封装。KiCad 中主要元器件的原理图符号如图16.5所示。

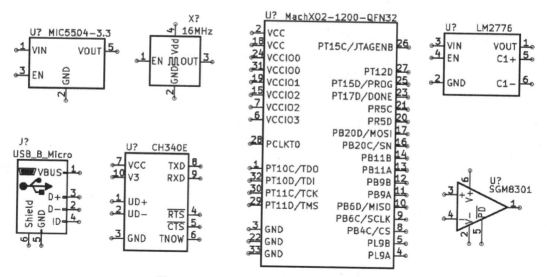

图16.5 KiCad 中主要元器件的原理图符号

KiCad 中主要元器件的封装如图 16.6 所示。

图 16.6　KiCad 中主要元器件的封装

16.4　原理图绘制

准备好所有元器件的原理图符号和封装,就可以开始绘制原理图了。放置元器件的符号,并根据电路工作的电气连接关系将相应的引脚用连线连接起来。图 16.7 为本项目最终的原理图,采用了 A4 图纸,图纸的右下角标注了该项目的相关信息。由于电路比较简单,在一个 A4 页面中即可轻松放下,为阅读、维护方便,未采用层级方式。

元器件的排列按照左侧数字信号输入、右侧模拟信号输出的信号流来设计。为方便调节,输出的模拟信号采取了两种方式对外连接:用杜邦线连接的间距为 2.54mm 的插针和用射频线连接的 MMCX 插座。

在板子上放置了两个 LED,一个用于指示 3.3V 电压的状态,另一个用 FPGA 的一个引脚驱动,通过对 FPGA 编程,以"心跳"的方式指示 FPGA 的工作状态,这也是电路板上常用的状态指示方法,对于 FPGA 内部逻辑的调试有一定的帮助。

在关键的一些 net(网络)上,即使已经通过"连线"将相应的引脚连接起来,也要标注明确的 net name(网络名称),例如 CLK、HB(意指 heartbeat,心跳的意思)、PWM_Offset 等,以方便其他人读图的时候对电路和每根信号线的功能更易理解。这些连线上添置了明确的 net name,在 PCB 布线的时候可比较直观地看出相应的连线的用途。

16.5　元器件的布局

这个项目没有具体的外形尺寸的要求,因此设计者自我发挥的空间比较大,但还是要根据一些实际的情况来确定元器件的摆放:

- 为满足快板厂优惠打板的要求,尺寸要控制在 10cm×10cm 以内。
- 给 PCB 进行供电和通信的 USB 插座要放置在板子的边缘。
- 用于输出 DDS 模拟信号的插座要放置在 PCB 另一侧的边缘。
- 用于给 FPGA 编程的 JTAG 插座最好位于 PCB 的边缘,方便调试,且靠近 FPGA 芯片,便于 PCB 的走线。

低成本 DDS 任意信号发生器原理图如图 16.7 所示。

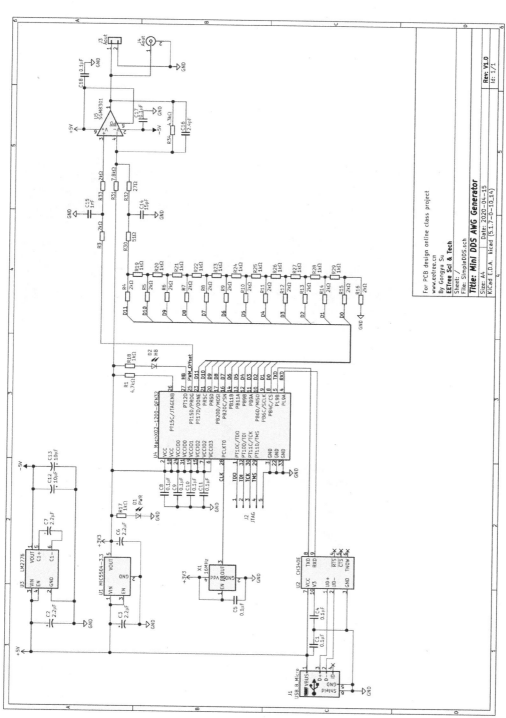

图 16.7 低成本 DDS 任意信号发生器的原理图

- 本项目中有数字电路、模拟电路,例如左侧为数字部分(从 USB 输入到 FPGA 输出)、右侧为模拟部分(从 DAC 输入到模拟信号输出),相关元器件按照这个信号流程进行排列。
- 为模拟运算放大器供电的 5～-5V 的电荷泵变换器放置在靠近模拟运算放大器的附近,以尽可能降低开关变换导致的高频噪声对周边元器件产生的影响。
- FPGA 的晶振靠近 FPGA 的时钟输入引脚。
- 每个器件电源上的去耦电容靠近相应的电源引脚。
- 电阻、电容器件规整摆放,方便后期布线并看起来美观。

低成本 DDS 任意信号发生器的元器件布局如图 16.8 所示。

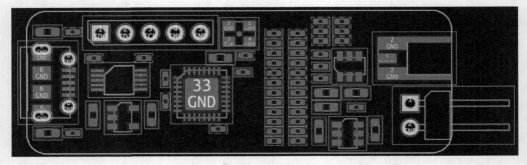

图 16.8　低成本 DDS 任意信号发生器的元器件布局

在做元器件布局的时候,可以随时查看板卡的 3D 效果,能更直观地感受元器件的放置是否合理,是否会给未来的调试、安装带来不必要的困难等。图 16.9 就是在本项目完成了元器件布局之后的 3D 效果图。

图 16.9　低成本 DDS 任意信号发生器的元器件布局之后的 3D 效果图

16.6　PCB 布线

完成了元器件的布局,经过认真检查,核对确认没有问题之后,就可以开始元器件之间的连线了。基于制板厂的制造规范以及项目的电路特点、性能要求,在布线的时候针对每一根连线都要给予正确对待,以保证最终的性能要求。

本项目属于数字+模拟混合的电路,有高速的数字信号,也有高频的模拟信号,R-2R 构成的 DAC 要运行在更高的转换速率,例如 200MSPS 的时候,要求每根数据连线尽可能等长，这都是在 PCB 布线时候要注意的。电流较大的供电线要粗而短，邻层的走线要尽可能垂直而避免平行，去耦电容要靠近相应的电源引脚，这些都是布线的基本原则。

因此，我们在这个项目进行 PCB 布线的时候，布线原则设定的要点如下。

在 PCBNew 中打开"文件"→"电路板设置"，默认的设置为：

- 间距 0.1524mm(6Mil)。
- 普通信号线的布线宽度 0.1524mm(6Mil)。
- 过孔外径 0.6mm。
- 过孔内径 0.3mm。

在本项目中，无论是用于 FPGA(低至 2.7V 仍可以工作)的+3.3V 电压还是给运算放大器(其供电可以低至±4.5V 仍满足需求)提供的−5V 电压，需求的电流都很小(10mA 量级)，对电压值的容忍空间很大。且无论是 LDO-MIC5504-3.3 还是电荷泵器件 LM2776 在布局的时候都非常靠近它们的负载，因此这两个供电电压的走线宽度设置成跟其他信号线一致也没有什么问题。而 USB 输入的+5V 电压为所有电路供电的源头，电流相对较大，且会走较长的线路给 LDO 和电荷泵供电，因此+5V 的电压走线须设置得粗一些。在这个项目中，将 3.3V、+5V 和−5V 都设为 Power 类的走线，其走线宽度都设置为 0.4mm，如图 16.10 所示。

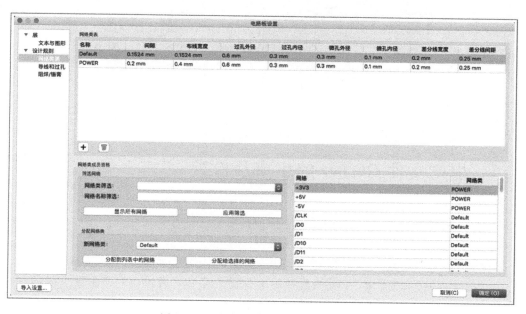

图 16.10　在 KiCad 中设置"设计规则"

由于这个项目的器件密度不高，为方便调试，将所有的器件都放置在单面(前面的层)(Front Layer)，走线也没有刻意设定 Front 层和 Bottom 层的方向，只是在具体连线的时候要使相邻层的线在相近的时候保持垂直，这样串扰最小。

完成了 PCB 的布线，就可以调整丝印层的信息。由于本项目的元器件摆放比较拥挤，要把所有元器件的丝印信息都呈现出来，会非常拥挤，因此只需要标注一些关键的信息，把其他信息都隐藏起来。

最终板子的丝印层将 R-2R 部分的 13 个同为 2kΩ 的电阻和 11 个 1kΩ 的电阻的标号都隐藏,并用轮廓线将同等值的电阻标识出来,见图 16.11 和图 16.12。主要是保持板子上的美观,且在 KiCad 特有的交互式 BOM 的帮助下,不影响焊接和调试。

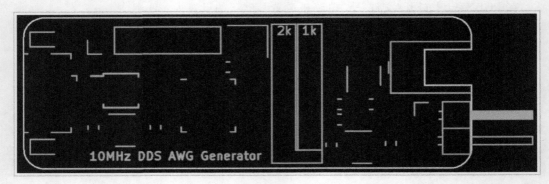

图 16.11　板子的丝印

图 16.12　布线后板子的 3D 视图

16.7　生产文件 Gerber 的生成及检查

完成了 PCB 的布局、布线,经 DRC 等各种检查确认没有问题后,就可以发出 Gerber 文件去制板了,KiCad 自带 Gerber 文件生成器,具体的操作方法如下。

在 KiCad 的 PCBNew 应用中,单击 File→Plot,弹出窗口如图 16.13 所示。

从上述界面中可以看出,有两种类型的文件需要生成:通过"Plot"命令生成的多个层的光绘文件,以及通过 Generate Drill Files 生成的钻孔文件。

得到以下的一些文件,有以 gbr 为扩展名的绘图文件,以及以 drl 为扩展名的钻孔文件,如图 16.14 所示。

生成 Gerber 文件以后,可以进行查看,以确保生成的 Gerber 文件正确、完整。KiCad 里有一个专门用来查看 Gerber 文件的工具 GerberView。

(1) 在主控制面板下单击 GerberView 启动该程序。

(2) 文件→打开 Gerber 文件,选中所有你要查看的 Gerber 文件,就可以看到图 16.15 中的这个界面。

图 16.13 KiCad 中生成 Gerber 文件的界面

名称	修改日期	大小	种类
SimpleDDS-B_Cu.gbr	2020/10/5	61 KB	gerbview document
SimpleDDS-B_Mask.gbr	2020/10/5	10 KB	gerbview document
SimpleDDS-B_Paste.gbr	2020/10/5	496 字节	gerbview document
SimpleDDS-B_SilkS.gbr	2020/10/5	497 字节	gerbview document
SimpleDDS-Edge_Cuts.gbr	2020/10/5	1 KB	gerbview document
SimpleDDS-F_Cu.gbr	2020/10/5	250 KB	gerbview document
SimpleDDS-F_Mask.gbr	2020/10/5	130 KB	gerbview document
SimpleDDS-F_Paste.gbr	2020/10/5	50 KB	gerbview document
SimpleDDS-F_SilkS.gbr	2020/10/5	11 KB	gerbview document
SimpleDDS-NPTH-drl_map.gbr	2020/10/5	3 KB	gerbview document
SimpleDDS-NPTH.drl	2020/10/5	291 字节	gerbview document
SimpleDDS-PTH-drl_map.gbr	2020/10/5	36 KB	gerbview document
SimpleDDS-PTH.drl	2020/10/5	1 KB	gerbview document

图 16.14 生成的 Gerber 文件，两层板总计 13 个文件

通过右侧的"层管理器"可以切换到你要查看的层，打开/关掉某些层，也可以调整每一层的显示颜色。

在确保生成的 Gerber 文件完整、正确以后，可以将含有 Gerber 文件的目录压缩打包，以 ZIP 文件的形式发送到制板厂去加工。

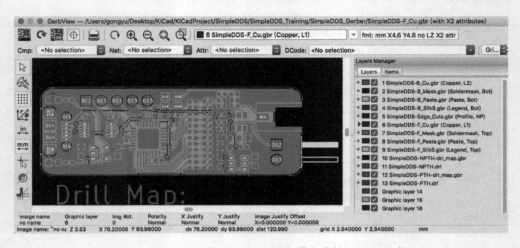

图 16.15　KiCad 的 GerberView 查看生成的 Gerber 文件

16.8　BOM 的生成

从设计流程上讲,拿到加工好的 PCB 裸板的时候,此板子上需要的所有元器件都应该已经备好,这样才不至于耽误项目的进程。由于很多元器件的订购货期较长,最好在完成了原理图设计,还没有开始 PCB 的布局、布线之前就能够生成用于采购元器件的物料清单(BOM),关键的元器件最好在绘制原理图之前就能够开始询价、采购。

在绘制好原理图后,可以在 KiCad 的 Eeschema 中采用下面的插件方式生成 xls、csv、xml 格式的 BOM,在完成 PCB 布局布线以后可以在 PCBNew 中通过 InteractiveHtmlBom 插件生成 HTML 格式的交互式 BOM。

在 Eeschema 中,生成 BOM 的插件有很多个,见图 16.16 中的界面,不同的插件生成的

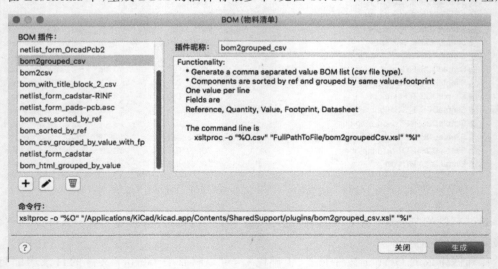

图 16.16　KiCad 工具中生成 BOM 的界面

文件格式不同，所包含的元器件信息也不同，有的插件可以生成 csv 格式的文件，有的插件则可以生成 xml 格式的中间文件以做进一步的处理，熟悉 Python 编程的同学也可以自己编写符合自己需求的插件。

KiCad 系统的原理图 Eeschema 中对每个器件需要填写的 Device 信息主要有 4 部分：Reference(标号)、Value(值)、Footprint(封装)和 Datasheet(数据手册)，在调用插件产生 BOM 文件的时候也就只能得到 Ref、Value、Footprint 这 3 部分的信息。如果你需要更多其他方面的信息，例如型号(Part Number)、生产厂商(Mfr)、生产厂商的型号、分销商(可以多个)、分销商型号，可以在元器件库构建的时候对这些字段进行编辑、添加，并调用相应的插件来生成包含这些信息的物料清单，见表 16.3。

表 16.3 用 KiCad 产生的项目的物料清单

Item	Qty	Reference(s)	Value	Footprint
1	9	C1,C4,C5,C8,C9,C10,C11,C17,C18	0.1μF	Capacitor_SMD：C_0402_1005Metric
2	4	C2,C3,C6,C7	2.2μF	Capacitor_SMD：C_0603_1608Metric
3	2	C12,C13	10μF	Capacitor_SMD：C_0603_1608Metric
4	1	C14	15pF	Capacitor_SMD：C_0402_1005Metric
5	1	C15	1nF	Capacitor_SMD：C_0603_1608Metric
6	1	C16	2.4pF	Capacitor_SMD：C_0402_1005Metric
7	1	D1	PWR	LED_SMD：LED_0603_1608Metric
8	1	D2	HB	LED_SMD：LED_0603_1608Metric
9	1	J1	USB_B_Micro	Connector_USB：USB_Micro-B_Molex-105017-0001
10	1	J2	JTAG	Connector_PinHeader_2.54mm：PinHeader_1x05_P2.54mm_Vertical
11	1	J3	Aout	Connector_PinHeader_2.54mm：PinHeader_1x02_P2.54mm_Horizontal
12	1	J4	Aout	Connector_Coaxial：MMCX_Molex_73415-0961_Horizontal_0.8mm-PCB
13	1	R1	4.7kΩ	Resistor_SMD：R_0603_1608Metric
14	15	R3,R4,R5,R6,R7,R8,R9,R10,R11,R12,R13,R14,R15,R16,R33	2kΩ	Resistor_SMD：R_0402_1005Metric
15	13	R17,R18,R19,R20,R21,R22,R23,R24,R25,R26,R27,R28,R29	1kΩ	Resistor_SMD：R_0402_1005Metric
16	1	R30	510Ω	Resistor_SMD：R_0402_1005Metric
17	1	R31	7.8kΩ	Resistor_SMD：R_0402_1005Metric
18	1	R32	27Ω	Resistor_SMD：R_0402_1005Metric
19	1	R34	4.3kΩ	Resistor_SMD：R_0402_1005Metric
20	1	U1	MIC5504-3.3	Package_TO_SOT_SMD：SOT-23-5
21	1	U2	CH340E	Package_SO：MSOP-10_3x3mm_P0.5mm

Item	Qty	Reference(s)	Value	Footprint
22	1	U3	LM2776	Package_TO_SOT_SMD：SOT-23-6
23	1	U4	MachXO2-1200-QFN32	Package_DFN_QFN：QFN-32-1EP_5x5mm_P0.5mm_EP3.45x3.45mm
24	1	U5	SGM8301YN5G/TR	Package_TO_SOT_SMD：SOT-23-5
25	1	X1	16MHz	Oscillator：Oscillator_SMD_Abracon_ASE-4Pin_3.2x2.5mm

　　根据 BOM 表单中的器件型号和数量进行备货,要注意的是其中 R-2R 中用到的 13 个 2kΩ 的电阻和 11 个 1kΩ 的电阻其精度要达到 1%,这样才能保证 R-2R 网络取得较好的性能。